全国主推高效水产养殖技术丛书

全国水产技术推广总站 组编

黄鳝高效养殖致富技术与实例

马达文 主编

U0395180

中国农业出版社

图书在版编目（CIP）数据

黄鳝高效养殖致富技术与实例／马达文主编 . —北京：中国农业出版社，2015.11（2017.4 重印）
（全国主推高效水产养殖技术丛书）
ISBN 978 - 7 - 109 - 20567 - 3

Ⅰ.①黄… Ⅱ.①马… Ⅲ.①黄鳝属-淡水养殖
Ⅳ.①S966.4

中国版本图书馆 CIP 数据核字（2015）第 148546 号

中国农业出版社出版
（北京市朝阳区麦子店街 18 号楼）
（邮政编码 100125）
责任编辑 郑 珂

中国农业出版社印刷厂印刷 新华书店北京发行所发行
2016 年 5 月第 1 版 2017 年 4 月北京第 2 次印刷

开本：880mm×1230mm 1/32 印张：5.25 插页：2
字数：133 千字
定价：28.00 元
（凡本版图书出现印刷、装订错误，请向出版社发行部调换）

丛书编委会

顾　问　赵法箴　桂建芳
主　任　魏宝振
副主任　李书民　李可心　赵立山
委　员　（按姓氏笔画排列）

丁晓明　于秀娟　于培松　马达文　王　波
王雪光　龙光华　田建中　包海岩　刘俊杰
李勤慎　何中央　张朝晖　陈　浩　郑怀东
赵志英　贾　丽　黄　健　黄树庆　蒋　军
戴银根

主　编　高　勇
副主编　戈贤平　李可心　陈学洲　黄向阳
编　委　（按姓氏笔画排列）

于培松　马达文　王广军　尤颖哲　刘招坤
刘学光　刘燕飞　李　苗　杨华莲　肖　乐
何中央　邹宏海　张永江　张秋明　张海琪
陈焕根　林　丹　欧东升　周　剑　郑　珂
倪伟锋　凌去非　唐建清　黄树庆　龚培培
戴银根

本书编委会

主　编　马达文　湖北省水产技术推广总站

编　委　马达文　湖北省水产技术推广总站

　　　　苏应兵　长江大学

　　　　李赛城　湖北省水产技术推广总站

　　　　周志娟　湖北省生物职业技术学院

　　　　李天法　安陆市水产局

　　　　倪伟锋　全国水产技术推广总站

　　　　周　雪　湖北省水产技术推广总站

　　　　占　阳　江西省水产技术推广站

　　　　董　勇　舒城县水产技术推广站

丛 书 序

　　我国经济社会发展进入新的阶段，农业发展的内外环境正在发生深刻变化，加快建设现代农业的要求更为迫切。《中华人民共和国国民经济和社会发展第十三个五年规划纲要》指出，农业是全面建成小康社会和实现现代化的基础，必须加快转变农业发展方式。

　　渔业是我国现代农业的重要组成部分。近年来，渔业经济较快发展，渔民持续增收，为保障我国"粮食安全"、繁荣农村经济社会发展做出重要贡献。但受传统发展方式影响，我国渔业尤其是水产养殖业的发展也面临严峻挑战。因此，我们必须主动适应新常态，大力推进水产养殖业转变发展方式、调整养殖结构，注重科技创新，实现转型升级，走产出高效、产品安全、资源节约、环境友好的现代渔业发展道路。

　　科技创新对实现渔业发展转方式、调结构具有重要支撑作用。优秀渔业科技图书的出版可促进新技术、新成果的快速转化，为我国现代渔业建设提供智力支持。因此，为加快推进我国现代渔业建设进程，落实国家"科技兴渔"的大政方针，推广普及水产养殖先进技术成果，更好地服务于我国的水产事业，在农业部渔业渔政管理局的指导和支持下，全国水产技术推广总站、中国农业出版社等单位基于自身历史使命和社会责任，经过认真调研，组建了由院士领衔的高水平编委会，邀请全国水产技术推广系统的科技人员编写了这套《全国主推高效水产养殖技术丛书》。

　　这套丛书基本涵盖了当前国家水产养殖主导品种和主推

技术，着重介绍节水减排、集约高效、种养结合、立体生态等标准化健康养殖技术、模式。其中，淡水系列 14 册，海水系列 8 册，丛书具有以下四大特色：

技术先进，权威性强。丛书着重介绍国家主推的高效、先进水产养殖技术，并请院士专家对内容把关，确保内容科学权威。

图文并茂，实用性强。丛书作者均为一线科技推广人员，实践经验丰富，真正做到了"把书写在池塘里、大海上"，并辅以大量原创图片，确保图书通俗实用。

以案说法，适用面广。丛书在介绍共性知识的同时，精选了各养殖品种在全国各地的成功案例，可满足不同地区养殖人员的差异化需求。

产销兼顾，致富为本。丛书不但介绍了先进养殖技术，更重要的是总结了全国各地的营销经验，为养殖业者更好地实现科学养殖和经营致富提供了借鉴。

希望这套丛书的出版能为提高渔民科学文化素质，加快渔业科技成果向现实生产力的转变，改善渔民民生发挥积极作用；为加强渔业资源养护和生态环境保护起到促进作用；为进一步加快转变渔业发展方式，调整优化产业结构，推动渔业转型升级，促进经济社会发展做出应有贡献。

本套丛书可供全国水产养殖业者参考，也可作为国家精准扶贫职业教育培训和基层水产技术推广人员培训的教材。

谨此，对本套丛书的顺利出版表示衷心的祝贺！

农业部副部长

前言

　　黄鳝的肉味鲜美，营养全面，可食部分占身体的70%以上，并有较高的药用价值。民间一直有"夏吃一条鳝，冬吃一枝参"之说，人们对黄鳝加工的菜肴久食不腻。通过对黄鳝、河蟹、鳜、青虾等几种名特优水产品营养成分的比较，不难发现，黄鳝蛋白质含量较高，脂肪含量和胆固醇含量均较低，因此深受广大消费者的喜爱。此外，黄鳝的皮还能加工制成独具风格的女式小皮包。

　　据统计，韩国每年需进口鲜鳝近10万吨、鳝皮30亿张；日本需进口鲜鳝12万吨。所以说，养黄鳝不仅能发家致富，改善人民生活，提高营养水平，还能出口创汇。

　　近年来，随着我国经济的快速发展、人们生活水平的提高和出口贸易的扩大，黄鳝在国内外市场的需求量不断增加；同时，水产工作者对黄鳝人工繁养技术不懈探索，使得黄鳝养殖技术进一步成熟，养殖模式不断创新，这些都让黄鳝人工养殖发展变得更为迅速。黄鳝人工养殖业已经成为调整农业产业结构、增加农民收入的一大亮点产业。

　　本书总结了20多年来我国黄鳝人工养殖的技术和致富模式，介绍了湖北、江苏、安徽、江西等全国各黄鳝主产地的许多成功案例，反映了当前我国黄鳝的养殖现状和技术水平，重点介绍了黄鳝种业方面的最新科技成果，力求突出其系统性、科学性、实用性和可操作性。

由于搜集的资料有限，若有疏漏和不足之处，敬请广大读者批评指正。

编 者

2016 年 3 月

目 录

第一章　黄鳝养殖概况和市场评价

第一节　黄鳝品种特色

黄鳝是我国重要的淡水名优经济鱼类之一,具有较高的食用价值和药用价值,在我国历来被认为是一种滋补食品而深受人们喜爱。

一、营养价值

黄鳝肉味鲜美,营养全面,且营养价值较高,可食部分占身体的65%以上,并有较高的药用价值,民间流传着"夏吃一条鳝,冬吃一枝参"之说。据分析,每100克鳝肉含蛋白质18.8克、脂肪0.9克、钙38毫克、磷150毫克、铁1.6毫克,含水溶性维生素$B_2$0.95克、维生素$B_1$0.02克、维生素$B_3$3.1毫克、维生素C 0.014毫克,另外,还含有丰富的脂溶性维生素A、维生素D、维生素E、维生素K等。通过对黄鳝、河蟹、鳜、青虾等几种名特优水产品营养成分的比较,不难发现,黄鳝蛋白质含量较高,脂肪含量和胆固醇含量均较低。因此,黄鳝深受广大消费者的喜爱。

二、药用价值

我国古代医学早就发现黄鳝的药用价值,称黄鳝可"补五脏、逐风邪、疗湿风恶气",并认为黄鳝对治疗面部神经麻痹、中耳炎、鼻衄、骨质增生、痢疾、风湿等一些疑难杂症有显著疗效。《本草纲目》和《随息居饮》都有记载:鳝性甘温,补虚劳,强筋骨,祛风湿。目前,民间还经常使用黄鳝血治疗面部神经麻痹(如嘴歪、面瘫、抽搐等),且效果显著。最近有研究报道,黄鳝还具有健脑益智、抗衰老、抗癌及抑制心血管疾病的特殊功效。

三、其他价值

黄鳝皮能加工制成独具风格的女式小皮包。据统计，韩国每年需进口鲜鳝近 10 万吨、鳝皮 30 亿张；日本需进口鲜鳝 12 万吨。所以说，养黄鳝不仅能发家致富，改善人民生活，提高营养水平，还能出口创汇。

第二节　黄鳝养殖技术现状

近年来，随着我国经济的快速发展，人们生活水平的提高，出口贸易的扩大，黄鳝在国内外市场需求量迅速增加；同时，水产工作者在黄鳝人工繁育技术上不懈探索，使得黄鳝养殖技术进一步成熟，养殖模式不断创新，这些都让黄鳝人工养殖发展变得更为迅速。黄鳝人工养殖已经成为调整农业经济结构，丰富庭院经济内容，增加农民收入，吸收剩余劳动力的一大亮点产业。

纵观我国黄鳝人工养殖，目前有以下几个突出特点：一是黄鳝养殖形式多样。由于黄鳝能在各种不同的淡水水体内栖息，因此有水泥池养殖、稻田养殖以及池塘、湖泊、水库网箱养殖等多种形式。二是养殖黄鳝投资少、见效快、效益高。养殖黄鳝不受投资多少的限制，经过 4～7 个月的养殖，到年底就可上市出售。三是群众养殖热情高，发展迅速。四是规模化、产业化和工厂化的养殖方式已经开始起步。如大面积的池塘网箱养殖、水泥池无土养殖、温室大棚养殖（图 1-1）等均在各地开始出现。实现了社会投资力量的参与

图 1-1　温室大棚养殖黄鳝

和投资的多元化，为黄鳝的工厂化、规模化养殖打下了良好的基础。

一、主要养殖技术与模式

（一）池塘网箱养殖技术

常见的网箱养殖方式包括深水无土网箱养鳝、浅水有土网箱养鳝。利用网箱养殖黄鳝，应根据不同的地理环境和不同的养殖条件，选择与之相适应的养殖模式。

深水无土网箱养鳝模式就是在水面较宽阔、水位较深的池塘中设置网箱养殖黄鳝（图 1-2）。网箱入水深度为 70 厘米左右，网箱底部完全无土，黄鳝完全栖息在箱内的水生植物根系上。这种模式适合较大、较深的水体，也是目前较为普遍的养鳝模式。这种模式也有两种方法：①渔民在自己承包的鱼池中设置网箱，网箱的数量不是太多，一般 50 口以下，所占池塘的面积不到 20%，池中养鲢、鳙、草鱼、鲫等鱼类，正常投饵施肥，网箱中投放黄鳝，平常捕捉的黄鳝就放在箱中，也可以捕些小鱼、小虾、螺蛳、蚌作为补充饵料。这种方法不仅投资少，风险小，而且见效快，利润高，很适合一家一户操作。②租借水面，池中不养其他鱼类，全部设置网箱，一般都在

图 1-2　深水无土网箱养鳝

100口以上。这种方式适合大规模养殖，投资大、风险大，但是只要养好，其利润也是非常大的。深水无土网箱养鳝优点是：黄鳝生长快，病害少，易收获，产量高；缺点是：清残困难，越冬易遭冻害。

　　浅水有土网箱养鳝模式就是在水面积较小、水位较浅的池塘或塘堰中设置网箱，在网箱里添加泥土，再移植水生植物的养鳝模式（图1-3）。网箱入水深度在35厘米左右，箱内有10～15厘米的土层。黄鳝在水位较高时，栖身于水生植物根系上；水位较低时，栖身于泥土中。浅水有土网箱养鳝优点是：箱内温差较小，易换水，易清残，有利黄鳝越冬；缺点是：收获较难，箱内水质变化快。

图1-3　浅水有土网箱养鳝

（二）水泥池养鳝技术

　　水泥池养殖黄鳝包括水泥池无土养殖模式、水泥池有土养殖模式。水泥池水体较小，池内的水体环境容易受外界环境的影响，从而使黄鳝产生应激反应。因此，需要在水泥池中营造一个适合黄鳝特殊生活习性的环境条件。此外，有条件的还可进行水泥池加温养殖。所谓加温养殖，就是利用塑料大棚或温流水进行温度控制的无土养殖。该养殖模式在不需要专门采暖设备的条件下，春季、夏季、秋季均能保持池水水温27～30℃。在寒冬棚内平均温度也可以保持在 20 ℃以上，黄鳝一年四季都能正常生长。

（三）稻田养鳝技术

稻田养鳝技术主要指在种植水稻的同时进行黄鳝养殖。把稻田稍加改造变成土池，停止栽种水稻，专门用于养鳝的模式则归入土池养殖。在稻田中养殖黄鳝，黄鳝可以利用稻田中丰富的天然饵料，促其快速生长；稻田可因黄鳝在泥土中穿行、钻洞、捕虫等活动而达到松土、除虫、增肥作用，有利于水稻生长。

稻田养鳝可以充分利用稻田空间，降低种稻养鳝的生产成本，提高稻田生产的综合经济效益，是种植业与养殖业有机结合的一种生态养殖模式。

二、关键养殖技术和存在的问题

我国黄鳝人工养殖始于 20 世纪 80 年代末，经过 20 多年的发展，已逐步形成了黄鳝产业体系。特别是近几年，随着养殖技术进一步成熟，养殖规模也在不断扩大，养殖模式多样化，养殖效益得到大幅提高。但我们也应该看到，在黄鳝产业中，目前仍然存在一些需要解决的问题。综合池塘网箱养殖技术、水泥池养鳝技术、稻田养鳝技术几项关键技术共同存在的问题，主要有以下几点。

1. 苗种问题

目前黄鳝人工繁殖技术还没有完全攻克，养殖所用苗种大部分还是来自于野生，这就使得黄鳝苗种供应越来越紧张，引种费用越来越高，而且还有进一步增高的趋势。同时，引种过程中死亡率高，有时甚至达到 100%。不法商贩也利用这一情况大肆行骗，使不少养殖者上当受骗。

2. 疾病问题

引起黄鳝死亡的原因主要还是疾病，目前养殖过程中发现黄鳝疾病有近 30 种，其中有 4～5 种疾病为经常发生，且死亡率高。而目前对黄鳝疾病的专门研究还开展得较少，还有许多问题需要攻关解决，如出血病、昏迷病（上草病）、打转病，等等。

3. 无公害养殖技术规范化欠缺的问题

随着生产发展，黄鳝疾病已出现多样化和复杂化趋势，在养殖过程中应严禁使用违禁药物，如红霉素、呋喃唑酮、激素等，倡导健康养鳝和生态养鳝等养殖形式，最大限度减少鳝体药物残留程度，以保证水产品质量安全，保持产业稳定可持续发展。

4. 黄鳝网箱养殖池塘利用率低的问题

池塘网箱养鳝已成为湖北、安徽、湖南等许多地方人工养殖黄鳝的主要模式，但目前池塘网箱养鳝的养殖时间仅为每年的7～10月，还有7～8个月时间养殖池塘基本处于空闲状态。综合利用池塘，提高池塘产出率还有待于进一步研究。

第三节　黄鳝市场情况

一、黄鳝市场现状

黄鳝可食部分约占其体重的65%，其肉、血及皮除直接烹饪外，也可加工成各种滋补食品。其余部分，即黄鳝的头、尾、骨等，可加工成动物性蛋白质饲料。

20世纪80年代，我国每年出口活鲜黄鳝800吨左右，主要销往日本、韩国，我国香港、澳门地区也有一定销量，创外汇13万美元，加上烤鳝片，创外汇近100万美元。90年代上升到1000多吨，最高达2000多吨。近几年，日本、韩国每年需进口20万余吨，我国香港、澳门地区的需求量也呈增长趋势，常常供不应求。

近几年，黄鳝价位一路走高，已由20世纪80年代的20～50元/千克，涨到30～100元/千克，2012年最高达140元/千克（湖北、上海等地区）。国内黄鳝的需求量每年近300万吨，仅在上海、南京、杭州一带，春节前后日需求量缺口就达100吨以上。

黄鳝养殖业的发展，推动了加工业的发展，已有简单包装的生鲜冻鳝片和冻鳝丝的生产，也有真空软包装的休闲食品柳叶鳝丝、醋熏鳝片、酥香鳝骨的生产，还有鳝血酒、全鳝药用酒的生产。同时，由于黄鳝体内富含二十二碳六烯酸（DHA）和药用成分，国内外已在深加工和保健品方面进行研究开发。黄鳝的全身除了头和内脏，基本上都可用于加工生产食品和药品。因此，黄鳝的市场开发价值较大，有很好的发展空间。

二、经营模式的探索

1. 黄鳝苗种生产要实现批量化

现在黄鳝的野生资源主要分布在四川、安徽、湖南、湖北等地，其他地区只有某些地方能够找到野生黄鳝。由于需求逐年上升，资源快速减少导致市场供求关系严重失调，使得黄鳝养殖成为最热门的养殖业之一。目前黄鳝养殖生产大发展主要依赖于天然采捕苗种，而天然黄鳝苗种资源日趋枯竭，苗种供应成为黄鳝产业发展的瓶颈。黄鳝人工苗种繁育是关乎养殖成败的关键环节之一，也是降低生产成本最直接的因素，不掌握苗种繁育技术，就谈不上人工养殖。因此，开展黄鳝的人工繁育工作势在必行，不仅市场前景可观，而且生态意义重大。只有做到黄鳝苗种的批量人工繁育生产，才能有效解决黄鳝产业发展存在的苗种短缺的问题，才能真正促进黄鳝产业健康持续的发展。

2. 生产形式实现规模化、集约化

目前，工厂化、集约化养鳝已形成较好的雏形，随着社会投资力量的参与和投资多元化的实现，零星的小生产形式将会由批量、规模生产的工厂化、集约化生产所代替。我们应该学习国外的先进养鳝经验，大力开展工厂化养殖，这也是今后养鳝的方向之一。黄鳝特殊的习性，尤其是适应浅水生活的习性，较适合工厂化立体养殖，更适合于人工调温、控温条件下的集约化养殖。

3. 倡导健康养殖和生态养殖

随着生产的发展，黄鳝的疾病出现多样化和复杂化趋势。解决此问题单纯靠投药防治不是最好办法，应倡导健康养鳝和生态养鳝等养殖形式，最大限度地减少鳝体药物残存程度，这不仅有利于人们的身体健康，还有利于出口创汇。

4. 科研、生产、加工实现一体化

实现科研、生产、加工一体化是现代商品生产的必然趋势，将科技成果、技术专利直接与生产加工相结合，直接转化为生产力是发展的必然要求，目前这方面工作刚刚开始，不久的将来可呈现蓬勃发展的局面。黄鳝养殖业要发展必须有完整的产业链，下游市场发展的好坏将会直接影响上游黄鳝养殖的效益好坏。农副产品要想获得高回报，就必须进行深加工，这样才能获得效益的最大化，这样才能具有竞争力，才能在市场竞争中立于不败之地。目前除活鲜黄鳝出口外，已出现烤鳝串、黄鳝罐头、鳝丝、鳝筒等加工产品。黄鳝加工业已受到水产加工企业和社会财团的重视。

5. 流通、营销实现国际贸易化

随着我国加入世界贸易组织（WTO），客观上要求黄鳝参与国际贸易化经营，事实上 20 世纪 70 年代至 80 年代初，我国的黄鳝出口贸易由国家外贸部门统一组织经营，而 80 年代末期开始，外贸部门已放开珍珠、黄鳝等品种的统一出口经营权，目前的出口是"各自为政""零打碎敲"。随着商家、财团对黄鳝产业的参与，流通、营销实现国际贸易化指日可待。

第四节　黄鳝养殖经济效益分析

网箱养鳝的历史只不过 20 多年。最早进行报道的是山东省淡水水产研究所彭秀真等，他们于 1994 年 5 月 25 日至 9 月 28 日在山东省长清县特种养殖场开展微型网箱养鳝试验，每口网箱面积只有 0.70～0.81 米^2，4 口网箱放养鳝种 843 尾，平均每平方米产鳝14.5 千克，净产 9.49 千克，成活率为 91.9％。该研究首先提出了养鳝网箱的面积、放养密度，并提出网箱内必须设置黄鳝寄居巢等问题。其后，江苏、湖北、浙江、湖南、江西等地的网箱养鳝也得到较快发展。湖北省洪湖市戴家场镇秦口村的渔民吴有才平时喜爱打鱼摸虾，经常捕捉黄鳝来改善生活，有时捕捉的黄鳝过多，一下

子吃不完，就用网箱暂养起来。1995年，他在自己承包6 670米²精养鱼池里架设了4口网箱，将吃不完的黄鳝放在网箱中暂养，年底共起捕黄鳝190千克，均价48元/千克，获利9 100元；初次尝到甜头的他，翌年将网箱扩大到40口，投放鳝种650千克，年底收获黄鳝2 300千克，纯收入达到8万元，每口网箱获利2 000元。在他的影响和带动下，全村人和周围几个乡镇的渔民纷纷效仿，开始了大规模的网箱养鳝。2002年，秦口村发展养鳝网箱2.5万口，实现产值4 000万元，农民从中净增纯收入1 700万元，成为远近闻名的黄鳝养殖专业村。同年，戴家场镇养鳝的网箱达到10万口，面积140万米²，实现产值1.5亿元，仅网箱养鳝这一项，全镇人平均净增纯收入800多元。湖北省监利县柘木乡龚塘村农民龚早平，1989年开始从事水产品贩运，到1998年共贩运黄鳝100万千克。由于他主要是走村串户，一年也只赚5 000～6 000元。1998年4月，他囤养了380千克黄鳝，赚了2万多元。1999年，他扩大规模，在肖桥渔场承包了6 670米²鱼池，投放网箱123口，投资10多万元，除去开支，当年就纯赚了8万元。2000年，他又添置了100口网箱，追加投资20万元，创收40万元。

网箱养鳝已成为农村致富、农民增收的重要途径，在广大农村得以迅速推广。如1998年，监利县汴河镇农民柳月良网箱养鳝收入达到10万元。到2005年，监利县网箱养鳝达到40万口，面积达560万米²。目前，整个湖北省网箱养鳝达到150万口，面积达2 400万米²以上，黄鳝产量达到20万吨。其中，荆州市2005年发展网箱养殖80万口、1 500万米²，池塘及庭院养鳝3 600公顷，生产黄鳝近5万吨，产值达8亿元。

湖北仙桃国家农业科技园区核心区张沟镇位于仙桃市中南部，与洪湖市一衣带水，距仙桃市区15千米，距宜黄高速公路仅13千米。现辖白庙、红阳等5个农村工作片，有人口7.9万人、耕地6 000公顷，其中，黄鳝养殖面积4 000公顷。张沟镇是中国黄鳝之都——仙桃黄鳝养殖的发源地、中国网箱养鳝第一镇、湖北省水产板块仙桃核心区、水产品国家出口备案基地、湖北省首批重点中心镇、仙洪新农村建设试验区示范镇。

该镇 1998 年起开始小规模黄鳝养殖，经过 10 余年的发展，形成了越舟湖等十大养鳝板块基地、总长 96.4 千米的"百里养鳝经济圈"。2012 年，该镇黄鳝养殖面积达 4 000 公顷，网箱 120 万口。2011 年该镇黄鳝养殖产业总产值达 15 亿元，占全镇农业总产值的83.3%；从事黄鳝养殖的农户 9 300 户，占全镇农户数的 84.5%；从事黄鳝养殖的农户收入占家庭经营收入的 82%；网箱养鳝产业的发展也带动了该镇涉鳝产业的发展。该镇农民人均纯收入 8 870元，高于仙桃市农民人均纯收入 8 006 元的 10.79%。

该镇主导产品"沔阳洲"牌黄鳝 2004 年 3 月获国家工商行政管理总局注册；"沔阳洲"牌黄鳝远销我国港、澳、台地区及日、韩等国家，得到广大客商的认可和好评，仅先锋黄鳝贸易市场就有全国各地农贸市场的 68 位代表常年驻点收购，全面实行了订单生产和生态绿色养殖。

2007 年 8 月，张沟镇获得湖北省无公害农产品产地认证；2007 年 11 月，"沔阳洲"牌黄鳝获得国家无公害农产品认证。

先锋村是张沟镇黄鳝养殖的先导者与核心示范区。该村现有人口 1 789 人，485 户，耕地面积 231.7 公顷。从 1998 年开始，村民探索专养黄鳝，历经了稻田埋养、鱼池套养、网箱吊养、网箱隔年养殖几个阶段。该村现有网箱 6 万口，年产量 2 250 吨，产值 1 亿多元；现人均收入已过 1 万元，每户平均收入 4 万多元。该村投入400 多万元建有占地面积 2.5 万米^2 的黄鳝贸易市场 1 个，每年在此交易成鳝 500 万千克以上，交易额 3 亿多元，每年为村集体创收200 余万元。

2011 年，为进一步做强做大黄鳝产业，园区整合张沟先锋、郭河强农、西流河白衣庵、大众水产等黄鳝养殖专业合作社与华中农业大学、长江大学等科研单位合作，建立科技特派员工作站，共建黄鳝产业科技创新平台。围绕黄鳝产业链，主要在黄鳝性逆转调控技术、黄鳝苗种繁育技术、商品鳝人工生态健康养殖技术、黄鳝疾病防控技术、质量监督检测技术、商品鳝收购与运输技术、商品鳝冷藏（储藏）与黄鳝产品深加工技术、商品鳝销售技术和黄鳝产业信息、培训与服务 9 个方面进行研发与培训服务。平台建成后，3～5 年在湖北省组织示范推广优质大规格黄鳝苗种 20 亿尾，年创产值 234 亿元；每年为养殖者在育种、医学、运输、冷藏与加工等方面节约开支 1.05 亿元，每 667 米^2 增加纯收入 2 500 元以上。

网箱养鳝能有这么明显的经济效益，主要有四个方面的因素：一是获取季节差价，黄鳝放种投苗季节（5—7 月），每千克黄鳝购价 16～20 元，而在销售季节（1—2 月），每千克商品鳝均价为 35～48 元，最高时可达 60～80 元。二是获取地区差价，黄鳝产地价与销地价一般每千克相差 8～10 元。三是获取规格差价，黄鳝苗种规格一般 15～100 克，养成商品规格一般 150 克左右，最大个体可达 1 150 克，商品规格每相差一个级差，价格便相差 5～10 元。四是获取增重差额，夏至前放苗，种苗可增重 5 倍以上，即 1 口网箱投放种苗 15 千克，年底可收获商品鳝 75 千克，7 月 10 日前放苗，可增重 3～4 倍，7 月 20 日前放苗可增重 2～2.5 倍。

但是，并不是每个养殖户都取得了成功，每年都有极少数的养殖户亏损，其原因主要有以下五个方面：一是投苗时机没有把握好，收种苗时间过早，气候不稳，低温多雨，时热时冷，温差较大，加上野生苗种伤病个体多，这种情况下强行收苗，黄鳝入箱后应激反应强烈，死亡率极高。二是选苗方法不当，体质差的苗种以及伤病个体没有进行淘汰或淘汰不彻底。苗种入箱 5～15 天，交叉感染，大量发病死亡，死亡率高的达 95%，基本上是全箱覆没。三是苗种品种不对路，如选择山区的黄鳝苗种，增重倍数只有 1.5 倍左右，虽然增重倍数不高，但其摄食量却很大，本大利薄造成亏损。四是防治病害的措施不力及管理不当，造成疾病流行，黄鳝大量死亡。五是苗种放养时间过迟，错过了黄鳝生长的旺盛季节，黄鳝生长周期过短，增重倍数不够，商品规格过小，售价偏低。

第二章　黄鳝生物学特性

第一节　分类及分布

黄鳝 [*Monopterus albus* (Zuiew)]，俗称鳝鱼，在动物分类学上属鱼纲，合鳃目，合鳃科，黄鳝属，为亚热带底栖鱼类。在合鳃目中，我国只有黄鳝 1 个种。

黄鳝在我国除了北方的黑龙江，西部的青海、西藏、新疆以及华南的南海诸岛等地区以外，各地的湖泊、河流、水库、池沼、稻田、沟渠等天然水体中均有自然分布，特别是长江流域盛产黄鳝。近年来，我国大力发展水产业，除青海、西藏的部分地区外，新疆、海南等地区也引进黄鳝进行养殖。因此，目前黄鳝已广泛分布于我国各地淡水水域。

在国外，黄鳝主要分布于泰国、印度尼西亚、菲律宾等国家，印度、日本、朝鲜也有分布。

第二节　形态特征

黄鳝体形细长，呈蛇形。前端呈管状，向后逐渐呈侧扁状。尾端细尖，适应于穴居生活。

头较大，略呈锥形。口大、端位。口裂深，上、下颌发达，且有许多颌齿，适应动物食性，便于捕食。眼小，侧上位，有皮膜覆盖，视觉不发达。鼻孔 2 对，前后分离，前鼻孔位于吻端，后鼻孔位于眼前缘上方。嗅觉、味觉发达，灵敏，适应夜间觅食。鳃孔狭窄，左、右鳃孔在峡部愈合成一个倒 V 形的孔。鳃 3 对，无鳃耙，鳃丝 21～25 对，呈羽毛状，很短小，明显处于退化状态，故黄鳝在水中不能单靠鳃呼吸，需要咽腔和皮肤进行辅助呼吸。

黄鳝的咽腔有皱褶的上皮，充满微血管，可以直接呼吸空气。在夏天可以经常看到黄鳝常将头伸出水面，喉部显得特别膨大，就是因为黄鳝将呼吸的空气暂储在咽腔中。因此，黄鳝不适应深水生活。

躯干部呈圆筒状。体表黏液丰富，黏滑无鳞片。对外界环境变化及药物较为敏感。侧线明显，纵贯体侧中线。无胸鳍和腹鳍。背鳍和臀鳍退化后呈皮褶与尾鳍相连。尾鳍小，在水体中游动能力差，活动范围小。体长为体高的 21.7～27.7 倍，为头长的 10.8～13.7 倍。头长为吻长的 4.5～6.1 倍。脊椎数多，肛前椎数一般为 8～497 节，常见数为 93 节；尾椎数为 75 节左右。肠短，无盘曲，伸缩性大，肠中段有一结节，将肠分为前、后两部分，肠长度一般等于头后体长。鳔已退化。心脏离头部较远，在鳃裂后约 5 厘米处。

体色一般为黄褐色或青褐色，并分布有许多不规则黑色斑点，腹部灰白色；同时体色也会随栖息环境不同而有所改变，呈现出青色、灰色、红色等不同颜色。

第三节　生活习性

一、黄鳝的生活特点

黄鳝主要营穴居生活，趋阴避光，昼伏夜出，冬季休眠。黄鳝喜欢打洞或在水草中栖息，洞穴一般在水下 5～30 厘米处，以便能随时将头伸出水面呼吸。白天活动少，静伏洞口，等待食物；晚上出洞频繁活动，主动觅食。冬季水温低于 10 ℃时黄鳝会潜伏洞中休眠。

二、黄鳝对环境的要求

1. 溶解氧

由于黄鳝主要靠口咽腔壁呼吸，对水体溶解氧要求不高，只要身体潮湿就不会缺氧死亡。但若在深水中生活，要有水草等附着物。

2. 硫化氢

硫化氢为有毒气体，主要是水质恶化，有机质过多引起。黄鳝对其敏感，易中毒或致病。

3. 氨

氨为有毒气体，黄鳝对其敏感。氨过多黄鳝易中毒或致病，如鳃孔出血等。产生原因是水质差，有机质过多或水体呈碱性导致的。

4. pH

黄鳝要求水体为中性微偏酸性，具体 pH 以 6.0～7.5 为好，当超过 8.5 以上时对黄鳝生存及生活有不利影响。

5. 水温

适宜水温为 15～30 ℃，最适水温为 24～28 ℃。当水温低于 15 ℃，黄鳝摄食很少；低于 10 ℃停止摄食，转入冬眠。水温超过 30 ℃，摄食量减少；超过 32 ℃，其很少摄食，会出现热昏迷。

6. 有机质

部分有机质是黄鳝的补充食物。但有机质过多会耗氧，引起水体水质恶化，产生有毒气体，如氨、硫化氢等。故有机质过多要及时清除。

三、黄鳝的食性

鳝苗在刚孵出时以自身的卵黄为食，3～5 天后开始摄取外界食物。此时食物主要是小型浮游动物，如轮虫等。7 天后完全转为摄取外界食物。在转为成鳝（体长 10 厘米以上）以前，主要以小型底栖动物，如水蚯蚓等为食。

成鳝食性是以肉食为主的杂食性。经解剖分析，其食谱中动物性成分主要包括昆虫及其幼虫（如摇蚊幼虫），小鱼、小虾、水蚯蚓、螺、蚌、大型浮游动物以及蛙、蝌蚪等；植物性成分主要包括浮游植物，如蓝藻、黄藻、绿藻、裸藻、硅藻等。此外，还有部分腐屑、泥沙。在环境恶化和食物严重不足时也出现大吃小的现象，如成鳝会吞食幼鳝或鳝卵。在人工饲养条件下，经过摄食驯化可以用配合饲料养殖黄鳝。

摄食方式主要是噬食，即摄食较大的食物时，先咬住食物，然后通过身体的旋转咬断食物后吞食。

黄鳝有贪食和耐饥饿的特点。在夏季温度适宜时，其食量很大，日摄食鲜料量可达体重的 15%～20%，有的甚至可高达体重的 25%；但长期不摄食也不会因饥饿而死亡，只是体重会减轻。曾有试验发现，黄鳝越冬 90 天，体重减少 20%；3 年时间不对黄鳝投喂任何食物，结果无 1 尾死亡，但体重减轻了 56.9%。这一特性有利于黄鳝的暂养和运输。

四、年龄与生长

黄鳝在野生条件下生长较慢。体重长到 50 克需要 3 年时间，到 100 克需要 4～6 年。主要原因是野生条件下食物供应不足造成的。但在人工饲养条件下，黄鳝生长速度很快。人工繁殖的种苗生长到 50 克只需 14 个月，生长到 100 克只需 18 个月。黄鳝最大个体体长可达 70 厘米，体重达 1.5 千克。

黄鳝的生长具有季节性、阶段性的特点，即一年四季生长速度不同，以 5—8 月生长速度最快。不同年龄的黄鳝，生长速度不同。性成熟前的相对生长速度快，性成熟后的相对生长速度慢。但绝对生长量是以体重 35～75 克的个体较快。

黄鳝生长的适温范围与其摄食的适温范围是一致的。黄鳝的个体生长差异较大。放养前体重相同的个体，在同一养殖池内，经过一段时间养殖后，其体重会出现差异。这种个体差异在自然界的野生黄鳝中表现得尤其明显。如 4 龄的野生黄鳝，大的可达 90 克以上，而小的仅 30 克，其个体尾重差异可达 60 克以上。有统计分析显示：尾重组成为 30～50 克、51～60 克、61～70 克、71～80 克、81～90 克以及 91 克以上规格的野生黄鳝，所占比例分别为 7.5%、14.0%、20.0%、30.0%、25.5%、3.0%。黄鳝的这一特性要求在养殖生产中，要定期检查黄鳝生长，并将大小及时分开饲养，尽量使同池黄鳝个体基本一致，以促进养殖生长和避免相互残杀，提高群体产量。因此，掌握黄鳝生长的差异特性对于指导黄鳝养殖生产具有重要的意义。

第四节　繁殖习性

黄鳝具有性逆转特性，即先为全雌性个体，以后逐步转为雄性个体。一般来说，黄鳝体长在 30 厘米以下的个体（体重 50 克以下）大多为雌性；体长在 30～40 厘米的个体（体重在 50～100 克）雌雄均有，且体长越大，雄性所占比例越高；体长在 40 厘米以上的个体绝大多数为雄性个体。

在长江流域，黄鳝性成熟的年龄为 2 龄。一般体长在 20 厘米、体重约 20 克的个体即开始产卵。繁殖季节在每年 5 月下旬至 8 月上旬。

黄鳝为分批产卵的鱼类，一年有 2 次产卵高峰，即 5 月下旬至 6 月上旬和 7 月下旬至 8 月上旬。一般 5 月下旬至 6 月上旬产卵的个体较大，一窝产卵量多，卵粒大；而秋季产卵的个体数量多，但一窝产卵量少，且卵粒也较小。

黄鳝的怀卵量少，产卵力差。其个体绝对怀卵量在 10～1 500粒，而且一次性不会将卵全部产出，只能产其所怀卵量的 1/2 左右，故黄鳝的繁殖力比常规鱼要小得多。黄鳝卵为沉性卵，金黄色，卵粒大。

黄鳝为筑巢产卵。即每到繁殖产卵季节，雌鳝在洞口先吐出一团团泡沫，然后将卵产于泡沫中，雄鳝将精液排在吐出的泡沫上，使产出的卵受精。受精卵借助泡沫的浮力在水面发育并孵化出苗。黄鳝繁殖时，要求有一个安全的繁殖区域，且区域内黄鳝分布密度要合理，否则将不会进行产卵。

黄鳝具有护卵和护幼行为。孵化期间，亲鳝不会离开洞口，遇到敌害侵袭，会迅速攻击对方，且释出微毒。当产卵场环境变化较大时，如水位变化大或食物不足时，会吞食自产的卵或孵出的幼鳝。因此进行人工繁殖时一定要及时将卵或幼鳝同亲鳝分开。

第三章　黄鳝养殖技术和模式

第一节　黄鳝苗种繁育技术

一、黄鳝人工繁殖技术

黄鳝具有雌雄同体，性逆转，怀卵量小，受精率低，孵化时间长，出膜时间不整齐等特点，虽然在人工繁殖时有较大的难度，但为使黄鳝养殖能够达到规模化生产、产业化经营，水产科技工作者对黄鳝人工繁殖技术还是进行了系列探索，并获得了一些成功经验。黄鳝人工繁殖技术包括全人工和半人工繁殖两种方式，其主要繁殖技术详述如下。

（一）黄鳝全人工繁殖技术

黄鳝全人工繁殖技术是指在人工控制条件下，通过注射或投喂催产药物使黄鳝达到性腺成熟、排卵、受精和孵化出苗的系列过程，主要技术如下。

1. 亲鳝选择

（1）亲鳝来源　用作繁衍后代的黄鳝可以从稻田、沟渠或养鳝池中捕捉，也可以从捕捞渔民或专业黄鳝繁殖场获得。有条件的最好能挑选经过人工培育的鳝种来进行繁殖。

（2）亲鳝选择　选择体质健壮、无病无伤、黏液完好、行为敏捷，最好是个体较大、发育良好，体黄且有褐色大斑点，该黄鳝的优良性状可遗传子代。

（3）亲鳝雌雄鉴别　非生殖季节，雌雄鉴别主要依据体长来进行。野生黄鳝的雌性体长多在 20～35 厘米，雄性一般体长在 45 厘米以上。雄性黄鳝腹部较厚而不透明，雌性黄鳝腹壁较薄。生殖季节，雌性腹部朝上，可见到肛门前端膨胀，微显透明。腹腔内有一条7～10厘米长的橘红色（或青色）卵巢。

2. 亲鳝培育

（1）**雌雄放养比例** 雌雄搭配比例一般为（2～3）：1。

（2）**放养密度** 每平方米亲鳝培育池放养20～30厘米的雌鳝7～8条，45厘米以上雄鳝3～4条。

（3）**投放时间** 黄鳝的繁殖为每年的5—9月，亲鳝应在繁殖季节之前投放。即当年的10月至翌年5月。在有条件的地方，也可考虑在黄鳝开食前的4月下旬至5月上旬就近引种。

（4）**投饵与驯食** 亲鳝的适口饵料以蚯蚓、蝇蛆、动物内脏、河蚌、螺蛳、鱼类等动物性饵料为主，投喂时，饵料尽量要多样化，以免因营养不足而影响繁殖。亲鳝进入培育池后，每3～4米²设一处食台开始摄食驯化。投饵方法坚持"四定"（定时、定点、定质、定量）投喂原则。水温在20～28℃时，动物性饵料日投饵率为亲鳝体重的8％～10％，每天分早、晚2次投喂；水温在20℃以下或28℃以上时，日投饵率为体重的4％～6％，每天18：00左右投喂1次即可。

（5）**培育池管理** 一是坚持早、中、晚巡池检查，随时掌握亲鳝摄食活动情况，发现异常，及时处理。二是勤改水质。在临近产卵前10～15天应增加冲水刺激次数，可每天冲水1次，始终保持水中溶氧量不低于3毫克/升，但冲水时间不宜过长。三是换水时，水温差应控制在2℃以内。池塘水温尽量保持在22～28℃。当水温高于30℃以上时，应加注新水，或搭建遮阳棚，或提高水生植物覆盖面积等，加强水温管理。

（6）**疾病预防** 亲鳝病虫害的防治应贯彻"预防为主，防重于治"的方针。首先是竭力营造一个适合黄鳝生活、生长发育的良好水域生态环境，其次才是辅以必要的药物进行预防。

3. 催产与人工授精

（1）**催产** 经过强化培育的亲鳝，到6月，就可挑选出腹部膨大，呈纺锤形，腹部有一明显的透明带，体外可见卵巢轮廓，手摸腹部可以清晰地感觉到柔软而有弹性，生殖孔明显凸出，红肿的成熟雌鳝，以及体形呈柳叶状，腹部两侧凹陷，有血丝状斑纹，生殖孔不凸出，轻压腹部，能挤出少量透明状精液的雄鳝进行催产。使用的催产药物可以用促黄体素释放激素类似物（LRH－A）和地欧酮（DOM），每尾雌鳝注射的剂量分别为 5.0 微克和 3.3 微克。药物配置要用生理盐水稀释，每尾注射药液量不超过 0.2 毫升。注射时，先选择雌鳝进行背部肌内注射，24 小时后再注射雄鳝，且剂量减半。雌雄黄鳝均实行一次注射。

（2）**人工授精**　黄鳝催产后，按雌雄（3～5）：1 搭配比例放入暂养箱。在 48 小时内，一般 60％～80％ 的雌鳝均可自然排卵。人工授精方法：挑选已经排卵的雌鳝，用手由前向后挤压腹部，挤出卵粒。若亲鳝出现泄殖孔堵塞，可用小剪刀将泄殖孔剪开 0.5～1.0 厘米，再进行挤压。待卵挤入容器后，立即取出雄鳝精巢剪碎，并将其放在容器的卵粒中，用羽毛不断搅拌，使其充分受精。受精完毕，在容器内加入生理盐水，放置 5 分钟，再加入清水洗去精巢碎片和血块，最后将卵粒放入静水或微流水中孵化。

（二）黄鳝半人工繁殖技术

黄鳝半人工繁殖技术是指通过对亲鳝注射或投喂催产药物使其达到性腺成熟排卵，在人工模仿自然繁殖环境下进行产卵、孵化的系列过程，操作要点如下。

1. 繁殖池的建造

繁殖池可以是水泥池，也可以是土池。每口池面积以 2～10 米^2 为宜。一种方式是在繁殖池中另建一个鳝苗保护池，在 2 个池间留一些圆形或长方形的孔洞，孔洞用铁丝网隔开，繁殖的鳝苗通过铁丝网进入保护池。另一种方式是不建鳝苗保护池，直接在繁殖池中进行苗种收集。无论是采取哪种方式都必须在繁殖池或保护池内移植水生植物。

2. 亲鳝的挑选与培育

在生殖季节前，收集预备亲鳝，或者在生殖季节，直接从天然水域中捕获性腺成熟的黄鳝。预备亲鳝由于性腺发育尚不成熟，需要放入繁殖池强化培育一段时间，其培育方法同全人工繁殖。

3. 人工催产

从 6 月开始，在繁殖池中挑选性成熟，腹部膨大，可见游离卵粒的雌鳝开展注射催产。注射方法同全人工繁殖。

4. 产卵及孵化

经注射后的亲鳝应立即放入繁殖池，并同时打开繁殖池的进水开关，使繁殖池能够形成微流水，刺激亲鳝自然产卵、受精。亲鳝的放养密度一般为 3～4 尾/米^2，雌雄比例为（1～2）：1。在正常情况下，雄鳝入池约 24 小时雌鳝就开始产卵受精。受精卵经 7～10 天即可孵化成鳝苗。在孵化过程中，对于有鳝苗保护池的，微流水应从鳝苗保护池进入，再流经繁殖池，以使鳝苗能够溯流而上进入保护池；对于没有保护池的，产卵约 10 天时应将繁殖池内的亲鳝全部捞出，以防对小苗产生危害。

5. 苗种收集

鳝苗孵出后，应在 5 天之内将其捞入培育池进行专池集中培养。

二、黄鳝仿生态自然繁殖技术

黄鳝仿生态自然繁殖技术是指在人工模仿的自然生态繁殖环境里，人为按比例投放一定数量的黄鳝亲本，通过强化培育和一定的管理措施，使亲本达到自然产卵、自然受精以及自然孵化的系列过程。

黄鳝苗种仿生态自然繁殖在池塘、稻田等自然水域中均可进行。在较小繁殖池内，可以在池内堆几处泥堆，使其犹如水中小岛一般。泥堆大小视繁殖池大小而定，一般以直径不低于 50 厘米，高度 30～40 厘米为宜。然后在泥堆上移种水葫芦或水花生。在较大繁殖池内，可直接在池内堆设浅泥埂，高度以略高于水面为宜。如果是在稻田中开展繁殖，可以在稻田中间或四周每间隔 70～100 厘米堆筑一条宽 20 厘米左右的土埂，在埂上栽种水稻，或直接将稻田平整后种植水草。在繁殖季节到来前，将捕获的野生黄鳝移至繁殖池。进入繁殖期时，亲鳝就可以在池塘泥堆或稻田土埂边、水草中活动并筑巢产卵。

下面主要介绍一种在湖北省监利县开展的网箱繁殖黄鳝苗种新方法，实践证明：这种方法操作简单，方便易行，效果较好，是千家万户开展黄鳝繁殖、解决目前黄鳝苗种紧缺的有效方法之一。

（一）准备工作

1. 环境条件

在池塘或稻田中，仿造黄鳝自然生态环境条件进行准备，要求池塘或稻田低洼、保水。

2. 环境布置

（1）**网箱准备** 网箱面积 $1\sim2$ 米^2，高度以不逃鳝为原则，一般在 50 厘米以上；4 月中旬前把网箱埋入稻田或池塘中，要求箱内淤泥厚度 $15\sim20$ 厘米。投亲鳝前 1 个月，每 667 米^2 用 $50\sim75$ 千克生石灰撒入田间消毒。

（2）**移植水草** 亲本放养前，将稻田或池塘水位加深至 20 厘米左右。每个网箱内移植水葫芦 $3\sim4$ 兜。

（二）亲本挑选及放养

1. 亲本选择

用人工养殖鳝或野生鳝做亲本均可。人工养殖鳝要以养过 1 年的繁殖最好，当年的繁殖效果较差。雌雄一般在生殖季节容易区分，即雌性卵巢大。但在非生殖季节（如 4 月选种）较难区分，要从体色和体重两个方面加以判别。在体重方面，个体重在 $50\sim100$ 克的野生黄鳝，一般雌性占 80%，个体重 100 克以上的野生黄鳝，一般雄性可占 80%。人工养殖黄鳝由于生长较快，较野生黄鳝而言，其个体一般要比同龄的野生黄鳝大些，在生产实践中，笔者曾发现 150 克的雌性人工养殖黄鳝。在体色方面，雌性色素浅、斑点少，而雄性则相反。

2. 亲本放养

放养时间应在 5 月 10 日前。选择晴天放养。雌雄大致放养比例为 2：1。放养密度控制在 10 尾/米² 以内，一般 6～8 尾/米²，即 500 克/米² 左右。选用野生亲本繁殖时，一般在 6 月 10 日前后放种，其放养密度必须减少，每箱放 4～6 尾。

（三）亲本培育

1. 饵料

投喂动物性饵料，以水蚯蚓最好。

2. 投喂

每天傍晚投食 1 次，日投喂量为黄鳝体重的 8%～10%，饵料置于网箱中间。

（四）繁殖

1. 产卵

第一批产卵时间一般在 5 月 20 日开始。

2. 提苗

及时提苗是繁殖成功的技术关键，提早或提晚都将影响小苗的成活率。亲鳝产卵前要吐泡沫，吐泡沫 3～4 天后开始产卵，等卵孵化 4～7 天后即可提苗，即从吐泡沫后的 7～10 天开始提苗。以后每天提 1 次，至少连提 3 天，可持续提 20 天左右，雨天一般不提苗。提苗时，把提起的水葫芦向缝有纱布或密网的竹箕反复抖几次，确定无幼鳝后放回水葫芦，并将盛有幼鳝的竹箕在清水中淘洗，去掉污泥和杂质，然后将幼鳝倒入盛有少量清水的桶内，于午后或翌日早晨放入寄养箱中或直接在桶等容器内进行苗种培育。

（五）苗种培育

提出的苗可在一定的容器中或直接放入网箱中培育。

（六）管理

从 5 月初放种至 8 月繁殖结束，每天都必须到田间查看，并做出一定的标记。准确掌握繁殖情况。

三、黄鳝苗种人工培育技术

自然界的野生鳝苗成活率低，其主要原因是环境变化无常，饵料不足，加之被敌害吞食所致。人工培育鳝苗为提高成活率，保证鳝苗的快速生长，需要进行专池培育。现将几种主要培苗方式简要介绍如下。

（一）土池培育技术

1. 土池准备

用来培育鳝苗的池塘，面积应控制在 50 米^2 左右。要求池塘水源充足、水质良好、能排能灌。池底保留淤泥 20 厘米左右，如池底淤泥过厚，应在冬季予以清除，并将池塘进行曝晒或冰冻。在苗种投放前 15 天，池塘注水 10 厘米左右，选择晴天，用生石灰彻底清塘消毒，用量为 120 克/米^2，以杀灭池塘中原有的各种病原微生物和敌害生物。消毒 1 周后，药性基本消失，此时在苗种培育池内，加水至 15～20 厘米，每平方米施入经发酵腐熟的人畜粪肥500～800 克，使池塘浮游动物得到充足的养料而大量繁殖。与此同时，池塘内移植一些水花生、水葫芦等水生植物，覆盖面积在60％以上。移植的水生植物要进行消毒，每立方米水体可用二氧化氯 5～10 克浸泡，以防止将池塘外的病原带入池内。池塘的进、排水口要用密眼网布包扎好。待 1 周后将池塘水位提高至 25～30 厘米，等待放苗。

2. 鳝苗放养

（1）**鳝苗来源**　鳝苗来源主要有 3 个，即人工繁殖苗、收集天然鳝卵孵化苗以及天然小规格幼鳝。

（2）**放养密度**　一般每平方米放养鳝苗 200～300 尾，若池塘能够长期保持微流水，其放养量也可适当增加，最高可增加 50％。

同一培育池要求放养同批孵化苗，或规格整齐一致的野生收集苗。

3. 饵料投喂

刚孵出的鳝苗靠吸收卵黄囊的营养生活，这期间可不投喂食物。鳝苗孵出 5～7 天，卵黄囊被吸收完后，鳝苗就开口摄取外界饵料，此时鳝苗体长为 2.8～3.0 厘米。为保证鳝苗下池后有适口饵料供其摄食，除在池塘准备时为用于培育浮游动物而施入的肥料外，入池 5～7 天后的鳝苗还应增投人工饵料。最初投喂时，每 3 万尾鳝苗投喂 1 个熟鸡蛋黄，以后再逐步增加。投喂 3 天以后，即可在蛋黄中加入少量的蚯蚓浆，蚯蚓浆要打细，最初可按投喂量的 10％加入，以后逐步增加，直至全部投喂蚯蚓浆为止。随着鳝苗的不断长大，全部用蚯蚓浆已不能满足鳝苗的摄食要求，此时可以投喂切碎的蚯蚓，值得注意的是：切碎的蚯蚓要以黄鳝能顺利吞食为准，若鳝苗咬住食物在水面旋转，则证明食物过大，可再切细一点。若蚯蚓数量有限，也可在蚯蚓中逐步加入其他饵料，如切碎的黄粉虫、蚌肉、猪肝等。至培育后期，可直接向池内投入水蚯蚓，供幼苗自行摄食。

鳝苗经过 100 天左右的培育，就一般水平而言，到年底可以达到 3～5 克/尾的规格，如管理水平高，当年苗可以达到每尾 10～20 克。

4. 培育管理

（1）**及时分级饲养** 在鳝苗饲养过程中，由于个体发育步调不一致，抢食能力存在差异，鳝苗的生长速度会有快有慢，即使下池为同等规格的鳝苗，经过一段时间的培育后，也会出现个体大小差异。所以，待鳝苗培育一段时间后，必须将个体大的鳝苗捕起转入专池饲养，尽量使同一培育池中的鳝苗规格趋于一致，防止两极分化。当鳝苗体长达到 10 厘米以上时，即可作为鳝种转移到成鳝池饲养。

（2）**水质管理** 鳝苗培育工作中，水质管理十分重要。要认真做好早、中、晚的巡池工作，经常观察水质变化，进行水质调节，使培育池水始终保持"鲜、活、嫩、爽"。

（3）**鳝种集并** 当水温下降至 5℃时，鳝苗已不再摄食，进入越冬阶段。此时，应将幼鳝集中并于池底有淤泥层的土池中，让鳝苗掘洞穴居。同时，集并还有利于搭建越冬温棚，使鳝苗度过漫长的严冬。越冬池苗种投放密度可达 600～1 000 尾/米²。

（4）**越冬管理**　越冬管理的好坏，直接影响着鳝苗的成活率。越冬管理工作包括：在秋季饲养管理中，要加大动物性饵料的投喂，以保证黄鳝储备越冬所需的能量；在越冬期间需要在环境条件上加以改善，以便让黄鳝苗安全越冬。

具体包括：①搭建温棚。鳝苗个体较小，在露天条件下很难安全越冬，必须搭建温棚。温棚的搭建方法：在越冬池四周打入木桩，木桩高度 2.0～2.5 米，木桩上端用木瓦条做支撑，然后在温棚四周和瓦条上铺盖质地较厚的塑料薄膜。天气晴好时，阳光可以透过薄膜，提高棚内温度。②排干池水。温棚搭建起来后，应将越冬池水排干，只需底泥保持一定的湿度即可，不需要保留池水，防止结冰。③防敌害。冬季田间已无食物，老鼠活动频繁，极有可能进入越冬温棚中捕食幼鳝。因此温棚薄膜在夜间一定要密封。

（二）水泥池培育技术

1. 培育池准备

用于培育黄鳝苗种的水泥池面积不宜太大，一般培育池面积控制在 10 米² 左右即可。池深要求 40～50 厘米。进、排水口设置在水泥池相对的位置，并用聚乙烯网片封扎好，防止进水时带入敌害生物和出水时逃苗。在放鳝苗的前 10～15 天，水泥池要用生石灰全池泼洒消毒，生石灰用量一般为 150～200 克/米²。然后在池底铺上 5～10 厘米厚含有机质较多的黏土，并均匀施入发酵粪肥0.5～1.0 千克/米²，注水 10～15 厘米。池面移植根须发达的水生植物，如水葫芦等；池底投放隐蔽物，如杨树须、丝瓜筋等，以便让鳝苗有藏身栖息的地方。池内水面下搭建食台。1 周后将水位提高到 15～20 厘米。待培育池内出现大量浮游动物时即可投放鳝苗。

2. 苗种放养

出膜 5～7 天的鳝苗即可转入培育池进行人工培育。放养密度为 300～400 尾/米², 有微流水的水泥池每平方米放苗数可另增加 100～200 尾。

鳝苗对环境的适应能力较差, 在入池前, 应将培育池的水温调整至与原池或运输容器内的水温相近 (温差不超过 2 ℃); 同一培育池要求放养同一批鳝苗。防止出现个体悬殊。

3. 饵料投喂

刚开食的鳝苗主要摄食培育池中的浮游动物, 如浮游动物不足时, 可人工补充投喂轮虫、水蚤、熟鸡蛋黄等。也可将熟蛋黄和豆浆 (豆浆制作方法附后) 混合调成糊状全池撒喂。7～10 天后, 可投喂剁得很细碎的蚯蚓、河蚌肉、小杂鱼、动物内脏等动物性饵料。日投饵率为鳝苗体重的 2%～3%, 每天傍晚投喂 1 次。经过近 20 天饲养鳝苗体长可达 4～5 厘米。以后随着个体逐步增大, 摄食能力也不断增强, 日投喂量可占到鳝苗体重的 5%～7%。这时可投喂水蚤、水蚯蚓以及切碎的蚯蚓、黄粉虫、蝇蛆等。这些饵料都可以通过人工培育方法获得。养殖后期还可适当搭喂一些豆饼糊、幼鳝配合饲料等。投喂时, 要求饵料品种尽量逐步多样化, 避免养成黄鳝偏食习惯, 造成成鳝养殖时难以驯化和饲养。

豆浆制作方法: 将 1.5 千克黄豆浸泡 5～8 小时, 再加入清水 20～25 千克磨成浆, 将磨好的豆浆经过滤去渣后及时投喂。豆浆要在鳝苗培育池中遍洒, 尽量做到泼洒均匀。每天投喂 2 次, 早、晚各 1 次。豆浆含有丰富的植物蛋白质, 能够较好满足鳝苗生长发育的营养要求, 鳝苗吃剩的部分豆浆还可肥水培育天然饵料, 不会造成资源浪费。因此, 用豆浆培育鳝苗, 不仅池水能够稳定, 用量较好掌握, 而且培育的苗种规格整齐, 体质健壮。

4. 日常管理

用水泥池培育鳝苗, 其水质和水温管理工作十分重要, 特别是养殖后期及高温季节尤其要注意。要求培育用水无污染, 经常及时换水, 清除池内残饵, 始终保持池水清新。换水时要控制水位 15～

20厘米，保持池内外水温差不能超过2℃。在高温季节，还应在池面种植不低于1/2池面积的水花生、水葫芦等水生植物，以遮挡阳光，调节水温。

（三）网箱培育技术

1. 网箱制作和设置

鳝苗培育网箱可采用网目为40～60目[①]的乙纶网片制成，每口网箱面积为2～4米^{2}为宜，网箱既可放在专门培育鳝苗的培育池，也可以直接和成鳝网箱放在一起（彩图1、彩图2）。其网箱制作、网箱处理、箱内环境布置以及在池塘中的固定方法基本与成鳝网箱相同。

2. 苗种放养

放养密度：400～500尾/米^2。要求同一口箱内放养规格一致的鳝苗，对人工繁殖苗而言，同一口箱只能放养同批孵化或3天内提取的鳝苗。

3. 饵料投喂

当幼苗卵黄退去后（出膜后的5～7天），即可喂食，所给饵料以红虫和水蚯蚓为主。开始1～2天投喂红虫，以后投喂水蚯蚓。投喂的水蚯蚓要放入水生植物的水部，每天下午投喂1次。若水蚯蚓有限，也可每隔2～3天加投1次豆浆，以培育天然饵料供鳝苗摄食。

4. 日常管理

管理上主要是注意经常巡池，做好水质和水草管理，其管理方法基本同成鳝网箱养殖。值得重视的是：对于7月中旬以前孵化的鳝苗，在正常情况下，培育1个月后基本可达尾重1.0～1.5克，此时应进行分养。分养密度为200尾/米^{2}左右。培育到8月底至9月中旬，鳝苗一般可达3～5克，可以直接在网箱中越冬。但对于

---

① 筛网有多种形式、多种材料和多种形状的网眼。网目是正方形网眼筛网规格的度量，一般是每2.54厘米中有多少个网眼，名称有目（英国）、号（美国）等，且各国标准也不一，为非法定计量单位。孔径大小与网材有关，不同材料的筛网，相同目数网眼孔径大小有差别。——编者注

8月后孵化的鳝苗，由于生长时间较短，鳝苗规格较小，体质比较差，不能在网箱中越冬，而必须要考虑土池越冬。

四、鳝种放养

1. 苗种挑选

(1) **品种选择** 黄鳝的品种很多，根据体色大体上分为黄色、白色、青色、黑色等几种。适宜于人工养殖的有深黄大斑鳝和浅黄细斑鳝，前者生长速度快，增重倍数可达 5～6 倍，后者生长速度一般，增重倍数在 3～4 倍。而青灰鳝生长较慢，其增重倍数只有 1～2 倍，不适宜于人工养殖。

(2) **品质挑选** 要选择体质健壮、无病无伤、体色正常、一直处于换水暂养状态的黄鳝（彩图3），切忌使用体表有损伤，咽喉部有内伤，受到农药侵害，或用药捕和钩钓的幼鳝做鳝种。

(3) **挑选方法** 鳝种放养时，天气要满足以下 3 个条件：一是选前连续 2 个晴天；二是挑选当天是晴天；三是鳝种进箱后连续 2 个晴天。

挑选方法与步骤分两步进行。首先是初选。选用长、宽、高大致为 70 厘米、60 厘米和 40～50 厘米的容器，注满清水后，将在同等温度暂养中的鳝种转入其中，每次约 20 千克，保持水面高于鱼体 20 厘米，持续 30 分钟。淘汰浮于水面、频繁换气、有明显外伤和外部病灶的个体。其次是复选。将初选获得的鳝种置于 2% 的食盐水中，浸泡 4 分钟。淘汰行动迟缓、机体无力的个体。经两次挑选后，凡沉于水底、行动敏捷、机体健壮的个体都可作为养殖用鳝种。

2. 放养时间和密度

每年 4—8 月，水温大于 12 ℃时，均可投放鳝种。但野生苗种以 6—7 月放养成活率较高。野生苗种一般 4 月初至 5 月底不宜放养，但若气温稳定，苗种需求量不大，当地又有采用鳝笼捕获的野生苗种，4 月也可选择连续晴好天气，就近收苗投放。

放养密度一般池养放种密度为 2.0～3.0 千克/米²；网箱养放种密度为 1.0～2.0 千克/米² 为宜。具体放养密度要结合养殖条件、养殖水平、鳝种规格等因素综合考虑。一般来说，鳝种放养规格越大，放养密度越小。为保证达到商品鳝，冬季投放鳝种规格一般在15克/尾以上，夏季投放鳝种规格一般在30克/尾以上。规格太小，成活率低，当年不能上市；规格太大，增重倍数低，单位净产量不高，经济效益低。不过这也不是绝对的，放养哪一种规格的鳝种还得考虑市场因素。如果春节前后市场上规格大的商品鳝价格很高，养殖者也可以适当考虑放养大规格的鳝种。

一般放养35克/尾以上的鳝种，当年可养成100克以上的个体。10～20克/尾的鳝种，当年可达50～60克，翌年规格可达200克以上。

3. 放种注意事项

（1）**鳝种进池（箱）要消毒**　苗种下池（箱）时，要用药物进行浸泡消毒，以预防鳝病。选用药物时，最好选用一些低刺激、高效能、能保护黄鳝体表黏液的药物。如可用3%的食盐水浸洗5～8分钟，或用聚维酮碘（1克/米^3）、"优碘素"（10克/米^3）等浸洗5～10分钟。对体质较弱的鳝种可在配置好的消毒溶液中另加"电解维他"20克/米^3。

（2）**分箱养殖**　同一养殖池（箱）中的鳝种规格要求整齐，切忌大小混养，其个体大小体重差不超过5～10克为宜。

（3）**温差不宜过大**　放种时，鳝种暂养容器水温与池（箱）内水温差不超过2℃。

（4）**保护体表黏液**　黄鳝为无鳞鱼，其体表黏液对其健康生长及生存十分重要，在运输、投苗、使用药物时都应十分慎重。

（5）**混养和驯食**　养鳝池（箱）中，如果混养泥鳅，要在黄鳝驯食成功后放养。其放养量以不超过5～10尾/米^2 为宜，放养量太多，泥鳅会与黄鳝争食，影响黄鳝的生长。

第二节　黄鳝成鱼养殖技术

一、网箱养殖黄鳝

网箱养殖黄鳝是近几年发展比较迅速的一种养殖方式。特别是池塘网箱养鳝，由于其投资小、占用水面少、水质好、病害发生少、操作管理简便、水温容易控制、养殖效益高等特点，发展非常迅速，每年成倍地增长。下面我们就以池塘网箱养鳝为例，简要介绍网箱养鳝的场地建设。

目前，池塘网箱养殖黄鳝主要有池塘网箱主养黄鳝和池塘套网箱养殖黄鳝两种模式。

（一）池塘网箱主养黄鳝

1. 池塘条件

在选择养鳝池塘时，要综合考虑以下几点：水源方便，易排灌；水源水质好，无污染；交通方便，便于运输；避风向阳，冬暖夏凉；易防盗，便于管理。

2. 网箱设计与布置

（1）**设置网箱的水体要求** 设置网箱养殖黄鳝的水体要求无污染，进、排水方便，避风向阳。池塘面积以 1 334～2 001 米^2 的小塘为好，便于管理。池水深度要求在 70～120 厘米，池底要平坦。

（2）**网箱的规格大小** 网箱的规格一般为 3～20 米^2 为好，太大不利于摄食驯化和管理，而太小则网箱成本相对较高（彩图 4～彩图 6）。网箱高度为 100 厘米左右，一般网箱在水下 50 厘米，水上 50 厘米。

（3）**网箱的构造与制作** 网箱由网衣、框架、撑桩架、沉子及固定器（锚、水下桩）等构成。网衣选用优质聚乙烯 4 股×3 股网片或乙纶无结节网片制成。聚乙烯网片要求网眼均匀，用手指甲用力刮经线或纬线，线紧而不移位，使劲拉扯及揉搓，感觉非常牢固。网目规格按放养苗种的规格选定，以黄鳝尾尖无法插入网眼中为宜。一般为 30 目左右（网目尺寸 0.3～0.5 厘米），即渔业上暂养夏花鱼种的网箱材料和规格。网片根据网箱的大小裁剪，采用优质尼龙线，用缝纫机或鞋底机进行缝合。网箱上缘四周翻卷，同时缝入小指粗的尼龙绳和留出绳头便于捆绑到支架上。

网箱可采用框架式网箱或无框架网箱，无框架网箱要将箱体用毛竹等固定，即在网箱的四角打桩，将网箱往四个方向拉紧，使网箱悬浮于水面中。

网箱的底部固定很重要，一般用石笼或用绳索将网箱的底部固定，使网箱完全张开。

（4）网箱的架设 网箱架设分单箱架设和多箱排列的群箱架设。单箱架设只需要网箱拉伸拉紧即可。群箱架设还要考虑箱与箱的间距和行距，一般间距要求在 1 米左右、行距在 2 米左右（图 3-1）。网箱上部要求露出水面 50 厘米左右，箱底部高于池底 50 厘米以上，便于水体交换。池塘中网箱的设置面积最好不超过池面积的 50%（图 3-2）。若网箱设置过密，易污染水质，发生病害。

图 3-1 池塘小网箱主养成鳝

图 3-2 池塘大网箱主养成鳝

（5）**附属设施** 网箱养鳝的附属设施包括食台、栈桥等。食台可用网片、木板等，一般设置在水下 30 厘米处，也有不设食台的，将食物投在网箱中水草上。栈桥对于规模养殖很重要，便于投食、观察和管理。也有不修栈桥，而用渔船的。

（二）池塘套网箱养殖黄鳝

池塘套网箱养殖黄鳝的场地建设与池塘网箱主养黄鳝基本相同，只是在网箱的设置密度和网箱的管理上各有侧重。

所谓池塘套网箱养鳝，是指在不改变精养鱼塘正常放种和饵料投喂的情况下，增加套养一定面积的养鳝网箱进行黄鳝养殖（图 3-3）。该模式的最大特点是能够充分利用水体，大幅提高单位面积经济效益。其场地建设基本同池塘网箱主养，不同之处如下。

图 3-3　池塘套网箱养成鳝

（1）**池塘条件复杂，增加了管理量** 此种套养模式因为要以鱼为主，池塘条件比池塘网箱主养在管理、操作等方面都要复杂，但只要管理得当，同样可以获得好效益。池塘面积大小均可，保水深度要求 2.0～2.5 米，池塘向阳、避风，周边环境安静，水源充足，水质良好，注、排水方便。鱼池底部平坦，水中无杂物，透明度25～35 厘米。鱼种放养前，整个池塘要用生石灰彻底清塘消毒，杀灭病原微生物。生石灰用量：干池（池底水深约 10 厘米）每667 米² 用 75 千克兑水全池泼洒；带水（按 1 米水深计）每 667 米²用 150 千克兑水全池泼洒。7～10 天后即可投放鳝种。

（2）**网箱布置简单** 网箱制作同池塘网箱主养。池塘套网箱养鳝，养鱼是"主业"，养鳝相当于"副业"，因此，套网箱面积不可太大。试验表明：不影响正常养鱼的最佳布箱密度为池塘水面积的5%～10%。面积太大偏离了池塘主养鱼类的方向。由于养鱼池塘一般水质较肥，溶氧量不是很高。因此，建议池塘套网箱养鳝最好不要把网箱并排在一起，而应分开放置，并且网箱应设置在离池岸4米的进水口附近，纵向布放。网箱的设置有两种形式：即固定式和自动升降式。固定式采用长竹木桩打入池底，每个网箱4个桩，木桩要求粗而牢，入泥深而稳，网箱四角绳头各系稳木桩，并拉紧张开网箱，使网箱上缘高出水面60厘米以上防逃（彩图7）。自动升降式是以油桶等浮力大的物体代替木桩，并按网箱大小用钢筋角铁或竹木材料水平固定框架，网箱四角绳头系于架上的竖桩。自动升降式网箱能够随水位自动升降，暴雨和洪涝对其防逃效果几乎没有影响。同时也便于在箱的四周全部搭上人行浮桥，为多设食台、投饵、观察黄鳝等各种活动以及其他操作提供便利条件，但造价比固定式稍高。

（三）池塘网箱养鳝关键技术

1. 放养前的准备工作

（1）**池塘清整消毒** 所有的养鳝池塘均需要在投种前进行彻底的清塘消毒。对于底层淤泥和腐殖质较多的老塘，冬春季必须进行清淤处理。实在无力清淤的，至少得排干池水，使底泥曝晒，以减少各种病原的滋生。清塘消毒药物有多种，最常用的是生石灰。用生石灰清塘消毒时，可用干法，也可带水进行。干法：排干池水，只留10厘米左右水深，在池塘底部均匀挖若干土坑，将生石灰堆放于坑内溶解，然后趁热均匀撒向池塘各处，每667米^{2}池塘用生石灰75～100千克；带水清塘：即水深1米，每667米^{2}用生石灰150千克左右，兑水均匀泼洒于塘内。生石灰清塘消毒具有多种作用：一是可以有效地杀灭水体内的病原微生物、寄生虫虫卵和各种有害生物。二是可以调节水质，使养殖水体呈微碱性，有利于水生生物的生长与繁殖。三是可增加养殖水体的钙元素。四是有利于肥水。生石灰可使底层淤泥中被吸附的氮、磷得以释放，从而促进水生植物生长。

（2）**网箱浸泡**　网箱在放养鳝种前要先浸泡于水中，使箱体表面附着有生藻类，以避免黄鳝被网衣擦伤。浸泡时间至少不得少于7天，最好是提前1个月开始浸泡。新制作的网箱要先用15～20毫克/升高锰酸钾浸泡15～20分钟，消除聚乙烯网片产生的毒素，然后再在池塘中浸泡2周以上。

（3）**网箱的消毒**　养殖黄鳝的网箱在放养黄鳝前需要先消毒，以预防鳝病发生。消毒药物可用漂白粉、强氯精、二氧化氯、生石灰等，消毒方法采用全池（包括水草）泼洒的方式。用量分别为：漂白粉10克/米^3、强氯精2克/米^3、二氧化氯2克/米^3、生石灰30～50克/米^3。

（4）**网箱的环境布置**　由于用于黄鳝养殖的网箱底部不用埋泥，为了给黄鳝提供一个良好的栖息环境，在网箱布置好后，需要在投种前10～15天提前将水生植物移植到网箱内。目前可供移植的水生植物种类很多，有水花生、水葫芦、油草（俗名千金子）等。但以水花生、水葫芦较普遍。前者根发达，耐低温，而后者根须较小，不耐低温，因此，在深水处养殖黄鳝或需要黄鳝越冬时，最好选择用水花生。水生植物的移植面积以网箱面积的2/3左右为宜。为促进网箱内水生植物的生长，在消毒1周进水后，可在池塘中施入适量的生物肥料，以利于移植水草的生长，此点对于新开挖的池塘尤有必要。另外，对于规模较大的养鳝户，由于网箱数量大，箱体破漏、逃苗现象时有发生。而黄鳝又害怕深水，逃逸到网箱外池塘的黄鳝往往容易被水淹死，为防止此种现象发生，可再在池塘四周移植一些水花生，以供逃逸的黄鳝栖息。如果是逃逸的黄鳝较多，可在池塘的水花生处进行适当的驯食、投饵，待破损网箱修补好后，再用手抄网或地笼将黄鳝捕起，放回网箱饲养。

箱内外移植的水生植物都要用消毒药物浸泡，以防止带入水蛭、沙蛭及其他寄生虫、病原微生物。如果池塘消毒较早，在投放苗种前 1 周，最好在网箱内再泼洒 1 次生石灰水（200 克/米³）或漂白粉（40~80 克/米³），以对箱内水体和水草进行再次消毒。

2. 鳝种投放

（1）**放养时间** 每年的 4—8 月都可以投放苗种，投放时间会影响黄鳝的成活率和增长倍数。在能保证黄鳝成活率的情况下，以放养时间越早越好。如人工繁殖苗种 4 月初放养年增长倍数可达 4~6 倍，而推迟到 7 月放养则只能增长 2 倍左右。但引种野生苗种一般要求在 6—7 月，其成活率才较高。不过，如果网箱数量少，苗种需求量不大，当地又有通过鳝笼捕获的苗种，也可在 4 月上旬选择连续的晴好天气进行投放。

（2）**放养规格** 投放的规格与产出的黄鳝商品鱼的体重大小是相关的。如果要当年养成体重在 100 克以上的个体，其放养规格应在 35 克以上。如果计划 2 年养成的，其放养规格可控制在 10~20 克，此类鳝种到当年年底平均规格可达 50~60 克，经过翌年养殖，平均规格可达 200 克以上。养殖者可根据其养殖方式和苗种情况进行确定。

（3）**放养密度** 放养密度的大小与黄鳝养成的规格、单位面积的产量以及养鳝池的使用率和养殖经济效益相关。一般情况下，放养密度小，黄鳝生长速度快，养成规格大，但单位面积产量较低；放养密度大，则黄鳝生长速度较慢，养成的规格较小，但单位面积产量高。综合考虑，养成商品鳝的投种密度以 0.5~2.0 千克/米² 为宜。7 月投放的鳝苗，放养量可适当加大；存塘越冬鳝种因生长速度快，增肉倍数高，种苗投放可以适当减少；但若养殖黄鳝种苗，其密度可放到 3~5 千克/米²。

3. 饵料投喂技术

（1）**做好摄食驯化** 苗种入箱后，影响成活率的关键期为前半个月。这一阶段首要工作就是做好摄食驯化。

（2）**按"四定"技术进行投喂** "四定"指定时、定点、定质、定量。完成摄食驯化后，黄鳝投喂即可转入正常投喂阶段。此阶段黄鳝的日投喂量要依鳝种规格、水温、水质、天气及黄鳝活动、摄食等情况灵活掌握。日投喂量以鲜饵占黄鳝体重 7%～10%，配合饲料占黄鳝体重 2%～3% 为参考值。投喂时，一般以每次投喂后 2 小时左右吃完为准。剩饵及时清除。水温在 24～31℃且天气晴朗时，可适当多投；阴雨天则少投。水温降到 13℃以下和超过 34℃时，则停止投喂。

（3）**投喂方法** 饵料加工好后，直接将饵料投放到箱内水草上，一般每 3～4 米² 设 1 个投饵点。若箱内水草过于茂盛紧密，则投入的饵料便无法接近水面，此时可用刀将投饵点水草的水上部分割掉或剪掉，也可使用工具将投饵点的水草压下，使投入的饵料尽量能够到达或接近水面（彩图 8）。投喂时间为 18：00 左右。每天投喂 1 次即可。

4. 养殖管理

养殖管理是养殖黄鳝的重要环节，应做到"三分养、七分管"。管理的内容主要包括以下几点。

（1）**水质的管理和调节** 网箱养鳝池塘水质管理的主要内容是防止水质变质、稳定水位。措施是及时换水和定期换水等。

有试验显示：网箱养鳝池塘在 7—10 月的养殖中，其水体中的 pH、溶解氧、氨氮、亚硝酸盐、硫化氢等指标会出现明显变化，pH 由 7 月的 7.6 变为 10 月的 7.2，溶氧量由 6.45 毫克/升，下降为 4.21 毫克/升，氨氮由 0.25 毫克/升上升至 0.97 毫克/升，亚硝酸盐由 0.034 毫克/升上升至 0.124 毫克/升，硫化氢由 0.02 毫克/升上升至 0.12 毫克/升，8 月下旬至 9 月上旬黄鳝摄食量明显减少，有的网箱甚至停食，部分池塘还出现蓝藻，通过换水才有明显改善。这充分说明养殖池塘水质会随着养殖的进行发生极大的变化，需要经常进行调节。

（2）**水温管理** 将水温控制在黄鳝适宜的生长、摄食的范围内。方法是：①加注低温水，如井水、河水；②水面种植水草，如水花生、水葫芦等；③在池上方搭遮阳棚，如用遮阳网、种丝瓜等。

（3）**水草管理** 养鳝池中种植水草的作用有以下几点：①防暑

降温；②改良水质，通过吸收水中的营养物质，防止有机质污染水体；③供黄鳝栖息；④御寒保温。

因此，养鳝网箱中的水草是不可缺少的。水草的管理主要是：在敞口网箱中，要防止水草枝叶长出网箱外，给黄鳝外逃创造条件；草生长不好，面积分布过小要及时补草；对箱或池中枯死和腐烂的水草要及时捞出；在越冬期间，水草上搭盖塑料膜以减少霜冻水草的死亡等。

（4）**分级饲养**　在实际生产中，购种常为多种规格的统装货，小到 10 克，大到 100 克以上，规格参差不齐，购回后需认真筛选，使进入网箱内的鳝苗严格按照不同的规格分开放养，避免弱肉强食、两极分化、驯食难以成功的情况发生。通过一段时间生长后，同一网箱内又会出现个体差异，需要再分级。一般要求每隔一定时间如 1 个月，要检查 1 次黄鳝生长情况，并将大小不同的个体分开，否则会造成黄鳝的大小差别越来越大，影响整体产量。

（5）**越冬管理**　若箱内黄鳝需进行越冬，则应在停食前强化培育，增强黄鳝体质。越冬期间应保证水位深度，加厚箱内水草，如无特殊情况，不要随便进行翻箱、分箱操作，保持黄鳝的良好栖息场所。对于北方霜冻厉害的地区，则应考虑温室越冬而不应在池塘越冬。

（6）**防逃管理**　网箱养鳝在防逃方面要求特别细致：①经常检查网箱，看有无破损。网箱加工制作要结实，下水前要仔细检查，固定要牢靠，池塘加水或遇暴雨时要注意巡查等；②箱沿水草过高时要及时割掉；③防止人为破坏和老鼠咬破网箱，冬天野外食物缺乏，老鼠特别喜欢蹿到网箱内捕食黄鳝。

二、水泥池养殖黄鳝

近几年，由于黄鳝人工养殖技术的进步，水泥池养鳝也得到普遍开展。水泥池养殖黄鳝可分为水泥池有土养殖、水泥池无土养殖。水泥池养鳝优点有：①可在房前宅后进行养殖，规模不受限制；②养殖水质容易控制，换水清淤彻底；③疾病预防用药量小，用药准确，防治疾病效果好；④方便控制池水温度，在低温季节，可以采用加温措施，延长黄鳝的生长期；在夏季可采用局部遮阳措施，降低水温；⑤观察、管理方便，捕捞等操作劳动强度小。

下面将水泥池几种养鳝方式的场地建设综合介绍如下。

（一）养殖场建设

用水泥池养殖黄鳝，其养殖场建设主要包括：水泥池、进水和排水系统及防逃设施等几部分。

1. 水泥池

养殖成鳝的水泥池面积一般以每口 10～20 米^2 为宜，大的最好不要超出 30 米^2。规格可以为 2.5 米×4.0 米、3.0 米×5.0 米或 3.0 米×10.0 米，水泥池建得过小则建池成本高，建得过大则不便于管理，更不利于黄鳝的大小分级饲养。水泥池形状可视具体情况设计成正方形或长方形。修建时，池壁可做成单砖，墙厚 6 厘米或做成平砖，墙厚 12 厘米，内壁和池底用水泥砂浆平抹光滑。池角要竖起一块砖，用灰沙抹平后成圆角，以防黄鳝呈 S 状上蹿时，凭借直角间的相互作用力而逃出池外。池壁顶端需要砌一块向内的探头砖，砌成 T 形，防止池内黄鳝直接顺池壁上跳而逃出池外和避免鼠、蛇等敌害生物侵入。池底的一端留孔做排水孔，若使用水渠自动供水的，还需在池的另一端开上一个进水孔。为方便能排干池水，整个池底要向出水口的一方略微倾斜，同时，尽可能修建地上池，即直接从地面砌砖建池，以利于排水。

无土养殖使用的水泥池，一般池深有 50～70 厘米即可，若进行有土养殖，需要将池子深度再增加 20 厘米左右，以利于池底铺上泥土后仍能不影响蓄水和防逃。有土养殖的水泥池，一般在池底铺上 10～20 厘米厚的淤泥。淤泥可从稻田或池塘中直接采集，也可用蚯蚓粪代替。铺好的泥土要求无硬块和硬质杂物，总体感觉柔软润滑为宜。

2. 进水和排水系统

（1）**进水系统** 小规模家庭养殖黄鳝，可用水泵将井水、池塘水或河水直接抽入鳝池。规模化的黄鳝养殖，则有必要设立水塔和蓄水池，同时配套相应的供水管道。一般每 300 米^2 标准鳝池需设立容水量在 10 米^3 以上的水塔。水塔建在场地的最高位置，其池底应高于全场任何一个供水点。也可考虑在水塔附近修建蓄水池。当水塔内的水快用完时，从蓄水池中抽水供应。水塔用聚氯乙烯（PVC）塑料供水管连接到各个养殖池。一般主管道直径以不小于3 厘米为宜，分支供水管道直径不小于 2 厘米。每个池分别安装1 个球阀开关，用供水管配套的管卡固定。

（2）**排水系统** 养殖池的修建应充分考虑排水管道及排水沟的设立，以避免暴雨来临时因雨水不能及时排出，养殖池淹没，黄鳝大量逃逸而造成的巨大经济损失。排水沟的深度及宽度应根据场地的大小来确定。场地大，沟的宽度及深度应设计修建得宽深一些，而且越靠近下端排水沟越应修建得宽一些、深一些。场地小，排水沟可窄一些，但最好不要窄于 25 厘米，以便水沟淤泥的清理。

（3）**排水孔和溢水孔** 将排水孔和溢水孔合在一起，使之能自由控制水位深度。其制作及安装方法：截取一节长度比池壁厚度多5～10 厘米、直径为 5 厘米 PVC 塑料管，在其两端均安上一个同规格的弯头，并将其安装在养殖池的排水孔处，其中一个弯头在池内，另一个弯头在池外，弯头口与池底相平或略低。这样，如果想将池水的深度控制在 30 厘米，则只需在池外的弯头上插上一节长度约为 30 厘米的水管即可。这样，当池水深度超过 30 厘米时，池水就能从水管自动溢出。而要排干池水时只需将插入的水管拔掉即可。如果养殖池较大，也可以多设几个同样的排水管。

3. 防逃设施

水泥池养鳝的防逃主要是在排水口和溢水口。排水口防逃可以从市场上选购网眼较小（养殖的黄鳝不能钻过）、直径约 15 厘米的小塑料筐，将其反扣在池内弯头上面，并用 1～2 块砖压住即可防止黄鳝从排水管中逃走。但如果池内养的是很小的鳝苗，或个体在100 克以上的大鳝时，使用这种方法，小苗容易从网眼中钻出，而较大的黄鳝因力气较大，容易将筐上压的砖掀开。也可以取一段大小与弯头相适、长度为3～5厘米的PVC塑料管，在其一端蒙上细眼纱布或密眼聚乙烯网布，然后将其另一端插入池内的弯头上来防逃。生产中，由于网眼细密，水中微生物容易滋生，网布的网眼往往容易被堵塞，因此需要经常检查并清洗网布。为防止黄鳝偷逃出池而造成损失，有必要在排水沟的末端再增设两道拦网。一般选购网眼直径不大于0.5厘米的钢丝网，采用铁片或木条支撑，做成网板，安装固定于排水沟中。安装两道拦网的目的主要是为防止第一道网万一被垃圾堵上后，仍有第二道拦网可以有效地阻止其逃跑。

（二）放种前准备工作

1. 水泥池碱性消除

新建水泥池由于使用了大量的水泥，其碱性很重，若不采取措施消除碱性，而直接放入黄鳝，将有可能造成黄鳝的大量死亡。消除碱性一般采用水浸或药物浸泡的方法，即将池水加满，浸泡7～10天后排干池水，冲洗后再换新水；或用0.1%浓度的过磷酸钙浸泡1周后，换水使用；若急需使用，也可按每立方米池水泼洒食醋0.5千克或冰醋酸10毫升，浸泡1天并经刷洗池壁，换入新水后使用。建议在水泥池使用前最好是放上几条泥鳅试水，泥鳅放入1～2小时后，如果泥鳅翻肚，说明还是偏碱性，需要重新脱碱；如果泥鳅游走自如，说明可以投放黄鳝。

2. 水泥池环境布置

水泥池水体较小，池内的水体环境容易受外界环境的影响，从而使黄鳝产生应激反应。因此，需要在水泥池中营造一个适合黄鳝特殊生活习性的环境条件。

在水泥池无土养殖中，环境布置包括投放水草和搭建遮阳棚。投放水草是黄鳝无土生态养殖的关键技术之一。在养鳝池里移植水草，不但可以调节水温和净化水质，还可以给黄鳝提供栖息的场所。鳝种放养前，要在池中移植面积约占全池面积2/3的水草，其余1/3面积可放些紫背浮萍等，以改善水泥池的养殖环境。适合水泥池养鳝使用的水草有两种，即水葫芦和水花生。水草可从江河湖泊中直接移入。移入时要先淘洗，尽可能不带入其他污物。移入后为防带入病虫害，可按每立方米水用"鳝宝1号"1毫升，兑水20千克，全池泼洒，尤其是水草上更应遍洒。初春引入的水草由于刚刚苏醒，长势很弱，可全池泼洒腐熟的人粪尿或适当泼洒尿素等，以促使其快速生长。水泥池夏天水温极易超过30℃，要提前采取遮阳措施，如在池边种植葡萄、丝瓜等攀缘植物。

在水泥池有土养殖中，环境布置包括铺泥土和移栽水草。一是在建好的池内放入约30厘米厚的泥土，并适当投入一些石块、砖头等杂物，以利于黄鳝打洞穴居。二是在池面上适当移栽水生植物，如茭白、慈姑、水浮莲等，面积约占水面积的50%。池内水深保持在10~20厘米，这有利于黄鳝穴居时头能伸出洞口观察、觅食和呼吸。

此外，有条件的还可进行水泥池加温养殖。所谓加温养殖，就是利用塑料大棚或温流水进行温度控制的无土养殖，该养殖模式在不需要专门采暖设备的条件下，春季、夏季、秋季均能保持水温27~30℃，在寒冬时棚内平均温度也可以保持20℃以上，黄鳝一年四季都能正常生长。

（三）鳝种投放

1. 放养时间

因水泥池可人为控制，故常年均可放养。一般集中放养有冬季放养和春季放养两种，以春季放养较多。长江流域以4月初至4月中下旬放养最适宜，长江以北地区以4月中、下旬放养为好。但放养时水温一定要大于12℃，不宜过早。

2. 放养密度

水泥池养鳝是一种高密度养殖方式，放养密度可适当大些。放养量一般为2~3千克/米²，放养规格以25~35尾/千克为宜。用于暂养目的时最多可放到5~10千克/米²。具体放养密度应结合自身的养殖条件、技术水平、养殖目的等综合考虑决定。一般来说，鳝种规格大，放养尾数应少；反之，则多。

（四）饵料投喂技术

投放鳝种前，先要在池中安装好食台。食台可用木板或塑料板制成，面积按池子大小确定，数量一般为 4～6 米² 设置 1 个。食台安放在水面下 5 厘米处。鳝种投放后，首先进行摄食驯化，其驯化方法同网箱养殖。饵料可采用黄鳝全价配合饲料或黄鳝专用饲料，有条件的也可自行配制。但自制饵料要求粗蛋白质含量不低于38%，粗脂肪含量不低于 5.3%。黄鳝是肉食性鱼类，有条件的动物性饵料比例可以高一点。日投饵率：动物性鲜饵料一般为黄鳝体重的 7%～10%，人工配合饲料一般为黄鳝体重的 2%～3%。因为黄鳝有贪食特性，所以即使黄鳝喜欢吃的食物，如蚯蚓、小鱼、小虾等，一次也不能投喂太多，否则黄鳝会因贪食而引发系列疾病。

（五）养殖管理

黄鳝养殖的日常管理工作，应做到"勤"和"细"，"勤"指勤巡池，勤管理；"细"指细心观察黄鳝摄食生长，及时发现问题并采取相应措施。除此之外，还应重点做好以下几个方面工作。

1. 水质管理

水泥池的特点是水体小，水质极易受池内残饵、动物排泄物以及天气变化等因素影响，水质变化快，恶化也快。因此，要重视水质管理工作。表现在生产中，就是要做好水质保护和经常进行水质调节：一是及时清污。对养鳝池经常出现的残饵或死鳝，要及时进行清除，以防止因残饵或死鳝的腐败而引起水质恶化。二是经常换水。当天气由晴转雨或由雨转晴，或天气闷热时，水体往往容易缺氧，凡是在这种天气的前夕都要注意加注新水；在夏季高温时，养鳝池应 1～2 天换水 1 次，而对水质不好或明显恶化的鳝池应该进行每天换水。

2. 水温管理

水温的高低直接关系到黄鳝的摄食和生长。黄鳝最适宜生长温度为 24～28 ℃。当水温低于 10 ℃，黄鳝处于休眠状态，不摄食；

当水温升到 12 ℃以上时，开始出洞觅食，但活动力弱；当水温在 28 ℃以上时，摄食量开始下降。因此，在养殖中要注意保持适宜的水温，以利黄鳝的摄食生长。水泥池养鳝一般水深在 15 厘米左右，盛夏时，因水泥墙四周吸热放热，致使鳝池内水温与气温同时上升，水温往往会超过 30 ℃以上，这时就必须采取防暑降温措施。一是发现水温接近或超过 30 ℃，应立即加注新水，并将池水水位提升至 30 厘米左右。二是换水，1～2 天换水 1 次，用井水、泉水等新鲜清凉水替换，注意使用这种低温水时进水速度不能过快，以防产生应激反应而导致黄鳝发生疾病或死亡。三是遮阳降温，夏季可以在鳝池四周栽种丝瓜等有藤植物，并搭架使其爬到池上方进行遮阳，或用竹帘子搭架遮阳，或在水草上铺盖遮阳网（一般不必搭架）等；在春末及深秋，天气较凉爽时，掀开遮阳设施，或适当减少水草的覆盖面，增加鳝池的日照；在冬季低温情况时，可在养殖池的水草上部覆盖塑料膜，以增加池温，同时也有助于防止水草被冻死。

3. 防逃管理

防逃工作是日常管理中首先应注意的一个方面。应经常检查排水孔、拦鱼栅是否坚实可靠；雨天，尤其连续大雨天，鳝池水位易涨，应注意及时排水，以防黄鳝逃逸。

4. 越冬管理

越冬是水泥池养鳝的重要环节。当气温下降到 15 ℃左右时，要投喂优质饵料以增强越冬黄鳝的体质。当气温下降到 10 ℃以下时，要采取越冬措施。水泥池无土养殖的要给黄鳝池搭建温棚，有条件的可以利用工厂余热水、地热水等保持池水温度。水泥池有土养鳝，一般采用无水越冬法，即当气温下降至 10 ℃以下时，缓缓排干池水，让黄鳝入穴。为保持池泥湿润和温暖，当气温下降到 5 ℃以下时，可在池内盖上一层厚 5～10 厘米的稻草或草包，以避免结冰而使黄鳝冻伤致死，让黄鳝安全越冬。冰冻时期，不要让池底有渍水，以防结冰时黄鳝窒息死亡。另外，还要注意防止老鼠和畜禽的危害。一般在冬季不结冰或只结薄冰的地区，可直接在无土池越冬。在冬季容易结冰或冰冻严重的地区，应考虑用土池越冬或采用室内加温越冬。

三、池塘养殖黄鳝

（一）池塘条件

黄鳝养殖池塘要选择在水源充足，水质无污染，进、排水方便，避风向阳，交通便利的地方，长年有微流水的地方更好。养殖者可因地制宜建池。小面积家庭饲养，可利用房前屋后的低洼空地，采光较好的小坑塘，废弃蓄水池等改建养殖池；大面积规模养殖可以利用养鱼池塘或将蓄水条件较好的稻田进行改造。

（二）池塘建设

鳝池面积视养殖规模而定，一般大的面积为 50～100 米^2，小的面积为 10～20 米^2。要求池塘深度在 70～100 厘米，池底 1/2 面积应为含丰富有机质的黏土或松软肥土。新建池塘由于池底较硬，基本没有黏土或松软肥土，需要进行人工填充。稻田改造时，既可以在稻田中间用网布隔成一个 50～100 米^2 的池塘，再在池塘中间放一竹框铺上水草，也可以通过在稻田中堆砌泥埂，将其改建成宽度为 3 米、长度不超过 10 米、蓄水深度能够达到 50 厘米左右的小池塘。

保水方面，有条件的可以在养殖池底铺设一层防渗膜用于防渗保水；对于没有牢固防渗漏设施的池塘，最好选择地下水位较高，池内能够容纳较多水，且夏季暴雨来临时雨水能够排得开的地方建池。建池土质要求有黏性，以使雨水冲刷时池壁不易垮塌。

每两排池塘之间设一排水沟，以便在需要排水时能分别将单个小池的池水排干。在离池底 30 厘米左右的地方设置一个溢水管（埋一根塑料管或竹管，水涨时自动流出），溢水管在池内的一端用纱布或纱窗网罩住，以防黄鳝从管中溜走。

池塘四周要设置防逃设施，其材料可用 1 米宽的聚乙烯网布。

安装时，先将网布接口缝合好，再将网布的 20～30 厘米埋到泥土下，其余部分用竹竿或木棒支撑，使四周的网壁直立。

（三）放种前准备工作

1. 鳝池清整消毒

在放种的 10～15 天前将池塘进行清整消毒，即翻耕池底淤泥，堵塞池壁漏洞，疏通进、排水管道，并用生石灰彻底清塘消毒，杀灭池塘中的病原和有害生物。生石灰用量，干法：池底水深约10 厘米，每 667 米² 用 75 千克兑水全池遍洒；湿法：池底水深约1 米，每 667 米² 用 150 千克兑水全池泼洒。待 7～10 天毒性消失后，将池塘水位控制在 15～20 厘米，等待投放鳝种。

2. 水草铺设

水草一般铺设在池塘的正中央，与池四周边距 30～50 厘米。铺设方法：一种是先用竹竿做一个长方形竹框，并将其打桩固定于池塘中间，然后把水草铺设在竹框中。竹框大小可根据池塘水草铺设的面积而定。一般水草铺设面积要占到池塘面积的 50% 以上。池内移植水草后加水至溢水管，即可投鳝入池。另一种是在池塘打桩，在桩与桩之间牵拉尼龙绳，然后将水草移入，并把靠近尼龙绳的水草加以固定，形成以尼龙绳为边框的长方形水草块。桩数的多少可依据池塘或水草块的大小而定。

3. 食台设置

食台要设置在池塘水草密集处，以便托起饵料和前来摄食的黄鳝，避免饵料下沉造成的浪费和水质污染。食台数量按池塘大小具体确定，一般每 4～6 米² 设置 1 个，食台在池内呈均匀分布。若水草过于茂盛，可将投饵点的水草剪去上部，或者在投饵前用木棒等工具将水草往下压，使投入的饵料能够入水或接近水面。

（四）鳝种投放

1. 放养时间

放养时间基本同水泥池养殖。水温大于 12 ℃以上即可进行放种。

2. 放养密度

放养密度一般为 2～3 千克/米^2。规格以 20～30 克/尾为宜。具体放养密度可结合池塘养殖条件、自身养殖水平以及鳝种规格等因素综合考虑。一般来说，鳝种放养规格越大，放养密度就越小。

3. 混养和驯食

如果在养鳝池中混养泥鳅，一定要在黄鳝摄食驯化成功后进行，以免影响摄食驯化效果。泥鳅放养量以不超过 5～10 尾/米^{2}为宜，放养太多，泥鳅会与黄鳝争食，影响黄鳝的生长。

（五）饵料投喂技术

饵料投喂：一是要搞好摄食驯化；二是投饵要按照"四定"（定时、定点、定质、定量）和"四看"（看季节、看天气、看水质、看水产动物活动情况）的原则进行。

（六）日常管理

黄鳝池塘养殖的日常管理工作主要包括以下几个方面。

1. 坚持巡塘

早、中、晚巡池检查，查看防逃设施，观察池塘水色、黄鳝活动情况，测量池水水温，勤除污物、残饵、敌害。投饵前后要掌握黄鳝摄食情况，并及时调整投饵量。如发现异常，应及时处理，并做好巡塘日志记录等。

2. 水质管理

池塘养鳝水质管理的关键是稳定水位，控制水质。黄鳝营穴居生活，池水不宜过深，池水过深不利于黄鳝的生长，池水过浅，大量投喂后的残饵、排泄物又容易败坏水质，不利于水质控制，一般池水应稳定在 20 厘米左右，高温季节可适当加深至 30 厘米。在春、秋两季，一般每隔 7 天左右换水 1 次，夏季隔 3 天换水 1 次。并根据具体情况适时加注新水。

3. 水温管理

养鳝池塘水温应尽量保持在 24～28 ℃。当水温超过 30 ℃时，要及时做好防暑降温工作。如池四周栽种高秆植物，池角搭设丝瓜棚、南瓜棚，池中增放水葫芦或水花生等；及时加注新水，注意加水时不能一次加注过多，以免温差过大而引起黄鳝感冒致病。

4. 越冬管理

越冬管理应有两层含义：一是越冬前的强化培育。当水温下降到 15～20 ℃时，应投喂优质饵料，增强黄鳝体质，提高御寒能力。二是采取措施使黄鳝安全度过冬天。养殖生产中，往往是将达到商品规格的黄鳝起捕上市，没达到商品规格的个体留在原池塘中越冬。采取办法是：一是干池越冬。即把鳝池的水放干，让小鳝潜入泥底，池面覆盖稻草和其他杂草等，使越冬土层保持湿润，温度始终保持在 0 ℃以上，盖物时不能盖得太严实，以防小鳝闷死。二是加深池水越冬。将池水水位升高到 1 米，使黄鳝钻在水下泥底中冬眠。若池水结冰，要破冰增氧。切忌浅水（池水低于 20 厘米）越冬，防止小鳝冻死。有条件的也可将苗种集中于一处池塘进行集中越冬，并在池塘上搭建塑料大棚。塑料大棚的建造与普通大棚相同。

5. 防逃管理

黄鳝善逃，逃跑的主要途径有 3 种：一是连续下雨，池水上涨，随溢水外逃；二是排水孔拦鱼设备损坏，从中潜逃；三是从池壁、池底裂缝中逃逸。因此要经常检查水位、池底裂缝及排水孔的拦鱼设备，及时修好池壁，堵塞黄鳝逃跑的途径。

四、稻田养殖黄鳝

稻田养殖黄鳝主要指在种植水稻的同时进行黄鳝养殖的稻田养殖技术。而把稻田稍加改造变成土池，停止栽种水稻，专门用于养鳝的模式则归入土池养殖。在稻田中养殖黄鳝，黄鳝可以利用稻田中丰富的天然饵料而快速生长；稻田可因黄鳝在泥土中穿行、钻洞、捕虫等活动而起到松土、除虫、增肥作用，有利于水稻生长。

稻田养鳝可以充分利用稻田空间，降低种稻养鳝的生产成本，提高稻田生产的综合经济产出率，是种植业与养殖业有机结合的一种生态养殖模式，发展前景广阔。

1. 稻田选择

稻田选择水源充足、水质好、无污染、旱季不涸、大雨不淹、排灌方便的地方。土壤以保水强的壤土或黏土为好，沙土最差。同时要求土壤肥沃疏松，腐殖质丰富，耕作层土质呈酸性或中性为好。这类稻田有利于黄鳝天然饵料的繁殖。

2. 稻田整理

稻田整理主要包括：开挖鳝沟、鳝凼，加高加固田埂，设置进、排水口和防逃设施等。鳝沟分环沟和田间沟。环沟是沿田埂内侧，离田埂 1 米远开一条围沟，一般沟宽 1.0～2.0 米、沟深 0.8～1.0 米。田间沟是在田中开沟，与环沟相连，视田块大小而挖成"一"字或"十"字或"井"字形，沟宽 1.0～1.2 米、深 0.4～0.5 米。环沟、田间沟的面积占稻田面积的 15%～20%。鳝凼与鳝沟连接，深 1.5～2.0 米，每个鳝凼面积 5～20 米^2 不等，田块大的可多开几个鳝凼。开挖沟凼是便于黄鳝栖息，以缓解黄鳝与水稻施肥、喷药、晒田的矛盾。在开挖环沟、田间沟的同时，还可以利用挖出的土方加高加固四周田埂。田埂一般宽度 40～50 厘米，高出水面 60～80 厘米，以保证稻田蓄水和黄鳝正常栖息为原则。稻田的进、排水口要对角设置，以利于加注新水时田水得到充分交换。进、排水口要用铁丝网或尼龙网做成拦鱼栅，以防黄鳝逃逸。稻田四周的防逃设施可因地制宜，就地取材，小面积养殖的可在稻田周围砌造单砖墙，大规模养殖的可以用石棉瓦或聚乙烯网片建造，其高度应高于水面 50～60 厘米。

3. 稻田消毒

稻田工程建设完成后，在鳝种放养前的半个月左右，对稻田的鱼沟、鱼凼进行彻底消毒，消毒药物可用生石灰兑水泼洒，用量为每 100 米^2 鱼沟、鱼凼用生石灰 2 千克。待稻田插完秧后，即可投放鳝种。

4. 鳝种放养

放养时，选无病无伤、规格大小基本一致的个体。放养规格以

20～30 克/尾为好。放养密度为每 667 米² 2 000～2 500 尾。

5. 饵料投喂技术

稻田中的黄鳝除了利用稻田的野生小杂鱼、虾、蝇蛆、水陆生昆虫及幼虫，以及晚上在稻田中设置黑光灯等诱捕的部分天然饵料外，要想获得黄鳝理想的正常生长，还必须依靠投喂人工配合饲料。

(1) 坚持"四定"投喂原则　饵料投喂要严格遵守"定时、定点、定质、定量"的原则进行。

(2) 投喂量合理　要根据天气、水温及残饵的多少灵活掌握投饵量。日投饵率：动物性鲜饵一般为黄鳝体重的 6% 左右，配合饲料为黄鳝体重的 3% 左右。每次的投喂量要以黄鳝当天吃完为准。投得太少，影响生长。投得太多，浪费饵料。

(3) 掌握投喂时间　饵料投喂要适合黄鳝昼伏夜出的摄食习性，日投喂次数要依据天气和水温而定。一般当天气为阴天、闷热天或雷雨前后，水温高于 30 ℃和低于 20 ℃时，每天投喂 1 次。天气晴朗，水温在 20～30 ℃，每天可投喂 2 次。一般以每天 07:00—08:00、17:00—18:00 投喂为宜。

(4) 饵料定点投在食台上　食台可用木框和铝线网或尼龙网制成，浮于沟内某一固定位置。

6. 日常管理

稻田养鳝涉及的是水稻和黄鳝两个对象。我们既要考虑水稻的营养需求及病虫害防治，又要考虑黄鳝的正常栖息生长以及不受水稻防病影响，因此，在日常管理工作中，应兼顾黄鳝和水稻两者都能正常生长。

(1) 做好稻田的调水工作　水稻生产中，从插秧至水稻成熟，在不同生长时期，稻田的灌水深度是不一样的，因此，在稻田需要浅灌或晒田时，我们要顾及黄鳝的生活习性。养殖黄鳝的稻田调水应按照春浅、夏满、秋勤的原则，即早期灌浅水以扶苗活株，水稻分蘖后期加高水位以控制无效分蘖。一般春季保持田水深在 6～10厘米，每周换水 1 次。夏季为防止高温，稻田要注满水，沟坑内的水至少要高出泥面 15～20 厘米。秋季黄鳝处于摄食高峰，要勤换水，每 2～3 天换水 1 次，每次换水量为稻田田面水层的 1/4 左右。换水时间控制在 3 小时内，池水温差不超过 2℃。

（2）注意稻田施肥和水稻防病工作　在水稻需要施追肥或喷洒农药，要首先把黄鳝诱至沟内安全水域，再选用低毒无残留的农药进行施洒，喷药时喷头向上对准叶面，并加高水位。用药后及时换水。

（3）做好黄鳝饲养和管理工作　经常下田观察黄鳝吃食情况，观察黄鳝摄食和生长情况，及时采取相应措施，进行饵料调整或疾病治疗。防逃方面要经常检查田埂及灌、排水口的防逃设施，尤其在天气突变时，检查要特别细心，发现设施损毁，要及时修复、更换，以免逃鳝。

第三节　黄鳝的饵料

一、黄鳝的基本营养需求

黄鳝与所有鱼类一样，为维持其生命的生长和繁殖，需要通过摄取一定数量的外界食物，经消化吸收，从而获得所需要的各种营养素。营养素包含蛋白质、脂肪、碳水化合物、水、维生素和矿物质 6 类。

营养素的功能主要有 3 种：一是构成鱼机体。营养素组成鱼机体的骨骼、肌肉、器官、结缔组织等，是鱼类生存所必需的。营养素在不断地分解、合成，需要随时补充。因此，只有不断地供给鱼体营养素才能使其更新组织，促进生长发育，维持鱼体的完整。二是供给能量。营养素是鱼类活动和脂肪沉积的来源。为了维持鱼的体温、机体和器官的正常机能，营养素提供给鱼活动所需要的一切能量，或变为脂肪沉积于鱼的机体内，储存能量，以备鱼类不时之需。三是调节生理机能。鱼类为控制和平衡各种生理机能，需要各种活性物质作为调节剂，如维生素、酶、激素等。这些物质也要靠饵料中的营养物质来提供。

营养素除上述 3 种基本功能外，还有生产功能，即经过鱼的消化吸收后转变为鱼的性腺，如鱼卵。

各种营养素都具有一定的生理功能，但不是所有的营养素都同时具备以上 3 种功能，有的营养素只具备 1 种生理功能，有的营养素同时具备 2 种或 3 种生理功能。一般来说，蛋白质以构成鱼的机体为主，脂肪和碳水化合物以供给能量为主，维生素以调节代谢为主。

下面就各种营养素的功能进行详细介绍。

1. 蛋白质

蛋白质是构成生命的物质基础，是由 20 多种氨基酸通过肽键连接而成，是生命的存在方式，生命的基本特征是蛋白质的自我更新。其主要功能是机体细胞与组织的主要组成物质，如肉、卵、鳞、淋巴和血液等，都是由蛋白质构成的。所谓生长可以看作是蛋白质的积累。蛋白质还可以组成酶与激素，参与调节体内的代谢过程，体内一切消化、分解和合成反应都需要各种酶的参与、催化才能完成。缺乏某一种酶或酶的活性降低都会引起疾病，甚至死亡。激素是鱼体新陈代谢、生长和繁殖等主要生理活动的调节者。蛋白质可构成各种免疫性的抗体，是抵抗病原和有毒物质的主要物质。蛋白质又是鱼体的重要能量来源，通过脱氢作用可很快氧化产生能量，供鱼体生命活动所急需。与畜禽相比，鱼类更容易首先动用蛋白质作为能量消耗，所以满足鱼类的蛋白质需求量是鱼类生长发育的基础。

氨基酸是组成蛋白质的基本单位。饵料中的蛋白质都不能直接被鱼所吸收，只有在消化酶的作用下逐级分解成氨基酸后，才能通过鱼的肠道被吸收进入血液，并且分解的氨基酸在体内重新组合，形成鱼体自身特有的蛋白质。鱼对蛋白质的需求实际上是对蛋白质中必需氨基酸的需求。必需氨基酸是指在动物体内不能合成，或者合成少而慢，不能满足需求，而必须从饵料中吸取的氨基酸。鱼类的必需氨基酸有 10 种。那些在鱼体内能够合成或转化的氨基酸称为非必需氨基酸。另外，还有介于必需氨基酸和非必需氨基酸之间的"半必需氨基酸",如甘氨酸、胱氨酸、酪氨酸。应该注意的是,所有的氨基酸对于鱼类维持生命和生产的产品来说都是需要的,只不过是对每一种氨基酸的需求量有多有少而已。

鱼类所需的各种氨基酸都有一定的比例。如果饵料中的各种氨基酸含量恰与鱼需要的氨基酸相等,那就是理想的氨基酸平衡。但由于各种饵料原料中氨基酸的种类和含量不同,实际饵料中的氨基酸平衡是不存在的。所以,合理搭配原料,使各种原料中的氨基酸达到互补,以提高饵料的营养价值和饲养效果。有试验显示:把草鱼种从平均体重 2.3 克培育至平均体重 33 克,若单独使用豆饼粉喂养,每长 500 克鱼种约需 500 克饵料蛋白质;若以豆饼、蚕蛹、糠饼等配合成的颗粒料喂养,每长 500 克鱼种只需 210 克饵料蛋白质。

2. 脂肪

脂类是构成鱼机体的重要组成部分,也是鱼体能量的重要来源。主要营养功能有:①构成鱼体组织。脂肪是鱼体组织和器官等结构的构成部分。所有细胞均有 $1\%\sim2\%$ 的脂类。鱼为生长和更新组织必须从饵料中摄取脂肪以满足需要。②储存和供给能量。脂肪是鱼的能量的重要来源。脂肪含的能量高,每克脂肪的含热量为碳水化合物的 2.25 倍。当脂肪富余时,多出部分可转化为体脂,储存于皮下肌肉、肠膜和内脏周围,起到减少体热散失和保护内脏器官的作用。脂肪体积小,产生能量大,是储藏能量的最好形式。③提供必需脂肪酸。脂肪酸中的亚麻油酸、次亚麻油酸和花生四烯酸为动物所必需,但体内不能合成,必须由饵料中供应,故称为必需脂肪酸。动物幼体缺乏这 3 种必需脂肪酸时,生长明显受阻,严重时甚至死亡。④脂溶性维生素的溶剂。如维生素 A、维生素 D、维生素 E、维生素 K,只有溶解在脂肪中,才能被机体利用。因此,饵料中必须有一定脂肪含量,以保证维生素能借助脂肪输送完成机体内的吸收和利用。⑤鱼产品的组成部分。如鱼肉、鱼卵中均含有脂肪。

3. 碳水化合物

碳水化合物由碳、氢、氧元素组成,是自然界一大类有机化合物，是植物性饵料的主要成分，一般占干物质总量 50%～75%。

碳水化合物的营养功能主要有：①提供热能。碳水化合物通过鱼体内的消化分解变为糖类，糖类进行生物氧化反应，生成二氧化碳和水，并产生热量。鱼类也能利用碳水化合物作为能源，但不同种类的鱼对碳水化合物的利用率有很大的差别，有些鱼类的利用率还较低。②形成脂肪的重要原料。碳水化合物在体内除形成热能，维持正常的代谢活动外，多余部分转化成脂肪储于体内。③构成机体组织。糖类中的核糖和脱氧核糖是细胞中核酸的组成部分。许多糖类和蛋白质合成糖蛋白存于软骨、结缔组织、肝、肾和血液中。④为体内合成非必需氨基酸提供碳架。⑤构成体内糖原。碳水化合物在动物体内除上述需要外，多余的可以转化为肝中的肝糖原和肌糖原储备起来，以备不时之需。

若饵料中碳水化合物供应不足，鱼为了保证正常的生命活动，便要动用体内的糖原和脂肪，仍不足时动用蛋白质，于是鱼就消瘦，体重减轻。因此，饵料中供应足够的碳水化合物是很重要的。

碳水化合物中含有粗纤维。粗纤维对鱼类来讲是不消化的，但从营养学角度来说，饵料中含有一定的粗纤维，对鱼类是有益的。合理含量的粗纤维有利于营养物质的消化吸收。对高营养含量的饵料来说，它可以起到填充、稀释作用，以利营养物质更好吸收。

4. 水

"鱼儿离不了水"是众所周知的事。在鲜鱼体中，水分可以占到其体重的 80% 以上。水的主要作用：一是构成肌体组织。水广泛分布于细胞内、组织间和各种管道中，是构成细胞、血浆、组织液等的重要物质。二是补充营养和参与机体的各种代谢。水中含丰富的矿物质，如钙、镁、铁、铜、铬、锰等元素，有些还是鱼体所必需的。同时，鱼体内的一切化学反应，各种营养素和物质的运输都需要水。三是帮助机体进行食物消化、营养吸收、废物排除、调节体温和保持体内酸碱平衡，并在各器官之间起润滑作用。

5. 维生素

维生素是维持鱼生理机能所必需的、微量的、具有高度生物活性的一种有机化合物。除少数几种维生素可在体内合成外，一般必须从食物中获得。维生素在营养上不属于构成机体组织的主要原料，更不是机体的能量来源。鱼对维生素的需要量极微，通常以毫克和微克计量，但在维持机体的正常生长发育方面作用极大。它参与调节及管制机体内各种新陈代谢的正常进行，提高机体对疾病的抵抗力。一旦缺乏，体内某些活酶失调，导致代谢紊乱，将影响某些器官的正常机能，轻则引起生长缓慢，重则导致生长停滞，产生各种维生素缺乏症。因此，维生素是鱼体不可缺少的维持生命活动的重要营养素之一。

维生素根据其溶解特点分为脂溶性及水溶性两大类。与鱼类有关的脂溶性维生素有：维生素 A、维生素 D、维生素 E、维生素 K，水溶性维生素有：维生素 B_1、维生素 B_2、维生素 B_3、维生素 B_5、维生素 B_6、维生素 B_{11}、维生素 B_{12}、维生素 C、维生素 P、维生素 H、胆碱等。鱼类缺乏维生素 A，往往引起眼病，抗病力减弱，生长缓慢，鳃瓣畸形；缺乏维生素 D，会使钙、磷代谢紊乱，骨质软化，生长缓慢；缺乏维生素 E，可使生殖系统受损而不育，引起"瘦背病"；缺乏维生素 B_1，鲤生长缓慢，体色变白，鳃、皮肤出血或充血，而鳗鲡食欲不振，生长减慢，运动失调，鳍条充血，体色变暗，游动异常。

6. 矿物质

鱼类与大多数陆生动物不同，不仅从饵料中摄取矿物质（无机元素），而且可以从体外水环境中吸收。钙、镁、钠、钾、铁、锌、铜和硒通常从水中吸收可部分满足鱼类的营养需求。磷和硫更有效地吸收是从饵料中摄入。鱼的正常生长需要无机元素，虽然它不产生能量，但对鱼的生长、繁殖和健康有重要作用，是鱼不可缺少的营养物质。它的主要营养功能有：①机体组织和细胞的组成成分。特别是骨骼的最主要成分。所有液体组织均含有少量的矿物质微量元素，还有些矿物质微量元素是酶、激素与某些维生素的组成成分。②调节体内平衡。矿物质能调节体内酸碱平衡和渗透压平衡，使体液保持一定的 pH 和恒定的渗透压以维持鱼体的生命活动。如鱼类可从鳃、鳍、皮肤中渗出或能动地吸收某些离子（钙、钠、氯等）。③酶的组成部分，或酶的激活剂。如细胞色素氧化酶含有铁和铜，镁是胆碱酯酶的活化剂。④影响其他物质在体内的溶解度。如体内一定浓度的盐类有助于饵料中蛋白质的溶解。⑤维持神经、肌肉的正常敏感性。⑥是体内某些特殊功能化合物的成分。如铁为血红蛋白的成分，钴为维生素 B_{12} 的成分。

微量元素在营养中比维生素更重要，因为它们不像有些维生素那样可以在生物体内合成。在食物消化过程中，能量的转换和组织的构成中都要依赖微量元素。微量元素各有不同的生理作用，有些微量元素，添加量适宜就会促进生长，反之，就会抑制生长，如铜、锌、铝、镁、钾、钠、碘、硒等。

7. 能量

能量不是营养物质，它是由蛋白质、脂肪和糖类在体内氧化释放的。鱼类的绝对能量需要可通过测定耗氧量或产热量来确定，并且饵料中的能量必须保证其有效能值可以满足鱼类的需要。

鱼类要生长发育，首先必须生存，能量摄入是一个基本的生理营养要求，故在饵料中应首先考虑的是饵料的能量。然而，由于蛋白质饵料价格比其他能量饵料高，实际上饵料蛋白质含量都是经常被优先考虑的。饵料蛋白质和能量应保持相对平衡，饵料能量不足或过高时都会降低鱼的生长。当饵料能量相对蛋白质含量来说不足时，饵料蛋白质不是用于鱼体的生长，而是被转化成能量来维持鱼的生存。反之，饵料中能量过高时会降低鱼的摄食量，因而减少了鱼体生长最佳的蛋白质所需量和其他重要营养物质的摄入。另外，饵料中能量与营养物比例过高时会造成体内脂肪大量积累，影响鱼的食用价值。

二、饵料种类及来源

（一）饵料种类

黄鳝是以动物性饵料为主的杂食性鱼类，人工养殖时，在食物种类选择上，有条件的应尽可能选择动物性食物投喂。试验表明：

野生黄鳝最喜欢摄食的动物性饵料依次是：蚯蚓、河蚌肉、螺肉、蝇蛆、鲜鱼肉、猪肝等。同时，它对食物非常敏感，在不同的生长时期，其食物组成也有所不同，如仔鳝喜食蛋黄、水丝蚓和蚯蚓；幼鳝喜食水丝蚓、蚯蚓、轮虫、枝角类、孑孓；成鳝主要摄食蚯蚓、小杂鱼、螺肉、蚌肉、小虾、蝌蚪、小蛙和昆虫等。人工养殖时，可供选择的饵料主要有如下几种。

1. 动物性饵料

这类饵料主要有小杂鱼、鲢、蚌、螺、蚯蚓、虾、蝇蛆等。这些饵料的共同点是蛋白质含量高，营养丰富，有利于黄鳝的生长发育，是黄鳝养殖的饵料主体。各种饵料养殖的饵料系数分别为：小杂鱼 6~8；鲢 10（纯肉 7~8）；螺 30~35（去壳 20）；蚌 40~45（去壳 25~30）；蚯蚓 7~8；虾 20（去壳 8~10）。

2. 人工配合饲料

由于现在黄鳝养殖规模越来越大，动物性饵料已满足不了黄鳝养殖需求，试验又表明：只要及早对幼鳝或成鳝进行摄食驯化，黄鳝完全能够摄食人工配合饲料。如在生产中，将黄鳝的配合饲料和动物性饵料合理搭配，其养殖效果较好，饵料系数一般在 1.6~2.0。配合饲料要有一定的适口性，且要求粗蛋白质含量在 35%~45%。

（二）饵料来源

从饵料种类来看，黄鳝的饵料来源还是比较方便和广泛，既有天然饵料，如前面提到的蚯蚓、蛆虫、小杂鱼、鱼粉、蚕蛹粉、黄粉虫、螺蚌肉等；也有商品化的，如米糠、麦麸、豆饼、豆渣、酒糟、动物内脏、农产品加工废弃物以及人工配合颗粒饲料。另外，还有人工专门培育的天然活饵料。关于人工活饵料培育技术现作为一个专题详细介绍。

三、黄鳝人工活饵料培育技术

随着黄鳝养殖的快速发展，动物性饵料的需求量将越来越大，仅靠天然水体捞取已远远不能满足养殖的需要。因此，进行动物性活饵料的人工培育已越来越受到广大养殖者的重视。开发优质饵料资源不仅可以降低养殖成本，提高养殖效益，而且还能长期稳定地提供动物饵料。根据黄鳝的饵料特性，在此介绍几种常用动物性活饵料的人工培育方法，供参考。

（一）水蚯蚓的培育

水蚯蚓是环节动物水生寡毛类的俗称，是淡水底栖动物区系的重要组成部分。水蚯蚓通常生活在微流水、有机质丰富的水底淤泥中。在腐殖质多的地方，有机污染较为严重，氧气往往缺乏。在这种缺氧的环境中，水蚯蚓从泥底伸出大部分身体，不断摆动，很有节奏，以此促进水流形成，以利虫体进行气体交换。水中氧气越少，则摆动越快。一旦受惊，则一齐缩入泥中。水蚯蚓和陆生蚯蚓一样，吞食泥土，从土中摄取细菌、有机碎屑颗粒以及底栖藻类，有时也取食一些土中的微型动物，通过肛门排出蚓粪。喜温水，最适水温 25～28 ℃。

某些水蚯蚓，如颤蚓，在污水自净中，能发挥很好的作用。颤蚓类在水体中很常见，而且在一定范围内，其种群数量随污染程度的增加而增加。在富营养化的水体中，由于有机质的分解大量消耗水中的氧气而造成水体缺氧，而水蚯蚓又是比较耐缺氧的，其他生物在这样的水体中往往不能生存或种类极少，这些比较耐缺氧的水蚯蚓由于缺少竞争者而大量繁殖，数量往往很大。因此，有些人主张用单位面积中颤蚓的数量来作为水体污染程度的指标。

各种水蚯蚓在水生生态系统中，特别是富营养化的水体中，是很重要的分解者，它们吞食水中和底泥中的有机碎屑颗粒、腐殖质和微小生物，而本身又被水中其他生物（如鱼、蛙、蛇、龟、鳖等）所取食。因此，在生态系统的能量流动和物质循环中起着极为重要的作用。

水蚯蚓营养全面，干品含粗蛋白质 62%，多种必需氨基酸高达 35%，因含有大量的氨基酸和核苷酸，使它具备特有的诱食剂功能，是一切肉食性鱼类最理想的饵料，如中华鲟、鳗鲡、胭脂鱼、黄鳝、黄颡鱼、大口鲇等各种名贵鱼，也是龟、鳖等最喜欢吃的饵料。用水蚯蚓来驯化肉食性鱼类的稚鱼，能大幅度提高稚鱼的育苗率，加快稚鱼的生长速度，减少疾病，因而深受广大水产工作者及养殖者青睐，被称为名贵鱼类的瓶颈开口饵料。随着水产养殖业的迅猛发展其需要量也越来越大，以往基本上靠人工进行天然捕捞的方式已远远不能够满足生产需要。因此，近年来，各地都在探索进行水蚯蚓的人工培育，也取得了一些初步的经验和效果。

水蚯蚓的培育可以采用池养，也可田养，还可利用现成的沟、渠、坑等水体进行培养。成本不同，收益也不同。以池养的产量最高。水蚯蚓的人工培育主要包括建培养池、投种、日常管理和采收等环节。

1. 建培养池

不管是池养还是田养，培养池都必须选择水源充足、排灌方便的地方建造。可利用现成的农田、荒地沟渠等，也可在空旷的场地上建立专门的养殖池。如果是利用现成的农田或菜地，必须将农田耙平，然后把大块农田分隔为若干培养池。

每个培养池以长 20～30 米、宽度不超过 12 米、深 0.20～0.25 米为宜，最好培养池有 0.5%～1.0% 的坡度，以方便管理和有助于池水均匀交换和流动。在培养池较高的一端设进水沟、口，在较低的一端设排水沟、口。在进、排水口处设置金属网栅栏，以防鱼、虾、螺等敌害随水闯入池中。要注意，培养池要有一定的长度，否则投放的饵料、肥料易被水流带走散失。

培养基既是水蚯蚓生活的环境，也是获取饵料的地方。优质的培养基是缩短水蚯蚓采收周期从而获得高产的关键。培养基的原材料以选用富含有机质的污泥为好，如鱼塘淤泥、稻田肥泥、污水沟里的黑泥等，切勿选用含沙量大的污泥。污泥厚度约 10 厘米。除了污泥外，还需加上疏松物质（如甘蔗渣、无毒的植物等）和有机粪肥（如人粪尿、家禽家畜粪尿等）。

2. 引种与接种

水蚯蚓是雌雄同体、异体受精动物，我国长江流域以南地区一年四季都可引种培育。水蚯蚓的种源很丰富，城镇及城乡结合部的排污沟，港湾码头，禽畜养殖场，屠宰场以及食堂餐厅，居民生活区的下水道，皮革厂、食品厂、糖厂排放废物的污水沟等处，往往生活着大量的水蚯蚓，可就近因地制宜捕捞天然蚓种。采种时，水蚯蚓可连同污泥、废渣一起运回，因为污泥废渣中往往含有大量的蚓卵。也可从市场上购买鲜活水蚯蚓，将水蚯蚓种苗均匀地撒布在培养基上，每平方米培养池用种量 0.25～0.50 千克，即 667 米^2 田第一次可投放 150～300 千克。接种量的大小与蚓产量的高低及距第一次采收日期的长短呈正相关。在水温 25～28 ℃的自然条件下，接种 30 天后测定，每平方米培育池的日产蚓量可达 500 克左右。

3. 日常管理

接种之后，日常管理工作是获取高产的极为重要环节之一。

（1）**饵料的准备和投喂**　水蚯蚓的饵料来源是十分广泛的。凡无毒的有机物质经腐熟酵解之后都可用来作为饵料。水蚯蚓特别喜欢摄食具有甜酸味的麸皮、米糠、玉米粉等粮食类饵料，人和禽畜粪便、生活污水、农副产品加工后的废弃物经发酵腐熟后也一样是它们的优质饵料。但是不管哪一种饵料，投喂之前（尤其是粪肥）必须充分发酵、腐熟，一是利于养料的分解转化和蚯蚓的摄食，二是可避免生料在蚓池内发酵产热而引起蚯蚓死亡。

粪肥可按一般的方法在土坑里堆积进行自然发酵腐熟。粮食类饵料须在投喂前一天或更长时间（视气温高低）加水发酵。加水量以手捏成团、放下即散为宜，然后聚拢成堆、拍打结实，盖上塑料布即可让其自然发酵。也有人在温度较低时，往发酵堆里加酵母片，用量为每 2 千克加 1 片，可加速其发酵腐熟过程，缩短时间。揭开塑料布有浓郁的甜酸酒香味即表明饵料已发酵腐熟好，可以用来投喂水蚯蚓了。

欲使水蚯蚓繁殖快、产量高，必须定期投喂饵料。接种后至采收前每隔 10～15 天，每 667 米^2 追施腐熟粪肥 300 千克左右。自采收开始，每次采收之后应追施粪肥 300 千克左右，以及投喂适量的经发酵的麸皮、米糠等饵料，以促进水蚯蚓的生长和繁殖。投喂时应将饵料充分搅拌，除去杂草废渣，再均匀地泼洒在培养基表面上。切勿使饵料成团或成块地堆积在蚓池里。投喂时，要关闭进、排水口，以免造成饵料漂流散失。

（2）**温度、流水和pH** 水蚯蚓适应温度范围比较广，在大部分地区一年四季均可生长繁殖，但是产量高低与温度高低关系十分密切。在低温时期提高培养池水温和培养基温度可提高产量。在冬季，可用塑料薄膜覆盖的方法来提高蚓池的温度。在冬季和早春的晴好天气，白天池水可浅些，以利用太阳能提高池水温度，夜晚则宜适当加深，以利保温和防冻。盛夏炎热高温时期，水宜深些，以降低池里水温。如预先在蚓池上空搭架种植藤蔓类植物遮阳则能避免夏日水温过高。

养殖的水流不可过大，太大的水流不仅会带走池中的营养物质和蚓茧，还会加剧水蚯蚓本身无谓的能量消耗，这样对提高产量不利。但水流也不可太小，过小的水流甚至长时间处于静水状态会使水中的溶解氧含量不足，同时也不利于水蚯蚓的代谢废物和其他有害物质的排除，从而有可能导致水质恶化，损坏水蚯蚓的生活环境，引起大量的死亡。一般来说，每667米^{2}养殖池每秒有0.005~0.010米^3（10千克左右）的流量就可以了。而且，水蚯蚓对水中的有害物质，如农药、除草剂、化肥、重金属等十分敏感。因此，工业废水、残留有农药的农田水和其他含药水都不能用。

pH过高或过低都会影响产量。由于不断施肥、投饵等因素，池水中的pH往往会在短时间内偏高或偏低。但由于水蚯蚓对pH的适应范围较广，而且流水起着调节pH的作用，因此池水中的pH一般不致造成对水蚯蚓的危害，通常无须采取特别的措施来调节。

（3）**播池与晒田** 有些地方也称"搅池""翻池"，这是饲养管理绝对不能缺少的一个环节。方法是用T形木耙将蚓池的培养基认真地播动1次，有意识地将青苔、杂草播入池里。播池的作用，一是能防止培养基板结；二是能将水蚯蚓的代谢废物、饵（肥）料分解产生的有害气体驱除；三是能有效地抑制青苔、浮萍、杂草的繁生；四是能经常保持培养基表面平整，有利于水流平稳畅通。

摆池的时间间隔，视养殖池的具体情况，如水温、水流、水蚯蚓生长以及采收情况等而定，通常在生产旺季每隔 10～15 天就要搅动 1 次，在气温较低的季节可以减少摆田次数。

晒田则是在晴天的时候，排干田内积水，使培养基在太阳底下曝晒几天。气温高时，晒 3～4 天，气温低时可适当延长时间。在晒田的时候，水蚯蚓钻入泥中，只要培养基不至于干枯开裂，蚓体不但不会死亡，相反，由于培养基的温度较高，水蚯蚓生长加快，并且产下大量的卵粒。因为没有水流，产下的卵粒不会被流水带走，从而孵化出大量的幼蚓。从众多养殖失败的案例中可以发现，尽管投喂了大量的饵料，但水蚯蚓产量极低，并且蚓田内伴生大量的青苔、浮萍、杂鱼等，几乎没有办法将之除去。其中的原因就在于缺少了晒田这个环节。因此可以说，晒田是一举多得，既繁殖出大量的幼蚓，又除去了难以除去的敌害，是获得高产的关键。

（4）**防除敌害**　水蚯蚓的敌害主要是鱼类（泥鳅、黄鳝、鲤、鲫等）、蛙类、鸟类、家鸭等肉食性或杂食性动物，这些动物都会直接取食水蚯蚓。养殖池中的螺类（如田螺、大瓶螺、环棱螺等）、双壳类（如河蚬和各种蚌类）等会与水蚯蚓争夺饵料、肥料和生活空间等资源，萍类、青苔、杂草等如果大量生长繁殖也会大量消耗培养基的养分，同时还会将水蚯蚓覆盖住，使水蚯蚓的生活空间变小甚至丧失。这些都是水蚯蚓养殖的敌害，必须防止其进入，池内若有发现，应及时除去。

4. 采收

水蚯蚓的繁殖能力极强，新建蚓池接种 30 天后便进入繁殖高峰期，且能一直保持长盛不衰。但水蚯蚓的寿命不长，一般只有 80 天左右，少数能活到 120 天。因此，及时收蚓也是获得高产的关键措施之一。在一般情况下，下种 30～40 天就可开始采收。每次每平方米面积可采收 250～2 000 克，每次采收后要及时打开培育池的进水口和排水口，让池水处于缓慢流动状态，以利于水蚯蚓的生长繁殖。5—9 月每天都可以采收。如饲养管理得当，每 667 米^2

培育池可年产水蚯蚓 1 500~2 000 千克，其经济效益很是可观。

在高密度养殖的情况下，水蚯蚓喜欢群集于培养基表层 3~5 厘米处，经常尾部露于培养基的表层泥土外面。当水中缺氧时，其尾部常伸出泥层表面摆动以增加水流，从而有利于呼吸。如果严重缺氧时，则往往在培养基泥层表面集合成团，浮于水面。采收水蚯蚓，就是利用它的这种生物学特性进行的（彩图 9）。常用的采收方法如下。

（1）造成养殖池的缺氧环境 采收的前一天晚上截断或减少水流，造成池水的缺氧环境。翌日早晨，水蚯蚓因缺氧而在水面群集成团，这时乘机采集，十分方便。

（2）聚乙烯网布淘洗 为了清除混杂于其中的沙砾、青苔、杂草等，把捞取到的水蚯蚓放在网布里用清水淘洗一遍，然后装入大的盆、缸等容器中，淹水 2~3 厘米，水面盖上一层湿纱布。水蚯蚓具有避光性，加上密集缺氧，水蚯蚓会通过纱布网孔到达表面。另外用盖子把容器盖住，静置 2~3 小时，翻开盖子，纱布上面便是厚厚的一层纯净的水蚯蚓了。这时可直接捞起水蚯蚓移入事先准备好的暂养池。纱布下的残渣中，还有一些水蚯蚓和大量蚓茧，应将其放回培养池中而不要丢弃。

（3）建暂养池 暂养池以砖混结构的条形水泥池为好，面积 10~20 米²，水深 5~10 厘米，保持微流水，每 3~4 小时定时搅动分散 1 次，以防其长时间的聚集成团而造成缺氧死亡。在水温 20 ℃以下，每个池可暂养 100~200 千克水蚯蚓 10~15 天；20~24 ℃可暂养 7~10 天；26 ℃以上仅可暂养 2~3 天。如遇高温天气，加入冰块或使用井水降温，可延长暂养时间。暂养情况的好坏，可根据水蚯蚓的扎堆情况来判断。扎堆紧密成团，说明生长良好；否则，就说明其生长不良。所以，要勤观察，防止缺氧。

5. 运输

短途运输可用盆等容器装水蚯蚓 5~10 厘米厚，运输时间以不超过 3 小时为宜。长途运输时，可用充氧袋包装。每代装水蚯蚓不超过 10 千克，充足氧气。气温高时还需加适量冰在包装隔层内，确保安全运抵目的地。若运输量较大，也可用大桶或箩筐等工具，以水蚯蚓与水3∶1的比例混装，在运输途中不断充氧，可以保证水蚯蚓不因缺氧死亡。需要特别注意的是，在包装水蚯蚓时，应尽量避免混入残渣污物等，以防运输途中污物败坏水质造成水蚯蚓的缺氧死亡。

（二）蝇蛆的培育

苍蝇的一生要经历4个时期，即卵、幼虫、蛹、成虫。其幼虫又称为蝇蛆，蝇蛆为食杂性，多以畜禽粪便为食，生长繁殖极快。蝇蛆营养丰富，具有很高的饲用价值，既是黄鳝幼体阶段的鲜活饵料，也是成鱼阶段优质的饵料蛋白质源。据测定，鲜蛆含蛋白质18.6%，脂肪5%，碳水化合物和盐类5%，此外，还含有一定量的钙和磷。人工养殖蝇蛆设备简单，室内室外均可养殖。投喂蝇蛆既可降低饵料生产成本，又可提高黄鳝养殖成活率，是解决黄鳝活体饵料的有效方法之一。目前，我国湖南、湖北、江西、广西、江苏、天津等许多地方均有人工养殖蝇蛆。蝇蛆饲养方式很多，但无论采取哪种方式进行养殖，都必须满足蝇蛆喜欢钻孔、畏惧强光、终日隐居避光黑暗处等生活特性。下面以室内池为例简要介绍蝇蛆的养殖技术。

1. 蝇蛆种来源

蝇蛆种主要有2个来源：一是捕捉野生苍蝇繁殖产卵；二是收集种蛹集中羽化。

（1）种蝇培育　用木条或铁条做一个50厘米×50厘米×50厘米的方形饲养笼，其上系同样大小的纱网，其中一面之中央留1个直径20厘米左右、长33厘米的布袖，以便取放种蝇和更换食料。每个笼内配备1个饮水缸、1块吸饱水的海绵，1个产卵缸，3～4个食物盘（分别盛放红糖或蛆浆）。每笼放养种蝇养殖0.8万～1.0万只。种蝇一生产卵3～5次，最多达10次，每次产卵100～300个不等。

苍蝇为杂食性，对香、甜、酸、臭均喜欢。但在种蝇投喂时要增加食物营养。有研究表明：羽化后的雌性成蝇，若单纯给水、糖及碳水化合物喂养，虽能生长，但卵巢不能发育、产卵。唯有加喂蛋白质食料或多种氨基酸，才能正常产卵。若采用蜂王浆饲喂雌性家蝇，能缩短产卵前期，提高产卵量。

生产中，投喂种蝇的食物一般是以砂糖或以幼蛆为主。砂糖料：每 10 米² 养殖面积用红糖 50 克、水 350 克及少量奶粉；幼蛆料：将鲜蛆用绞肉机绞碎，按蛆糊 95％、啤酒酵母 5％、水 150 毫升的比例混合拌匀。上述食料配好后加入食盘或海绵中，即可供苍蝇采食。为提高苍蝇产卵量，也可在配好的食料中加入 2 克催产素，投喂 3 天。

另外，在管理上要注意：①适当控制种蝇室的温度和湿度。蝇室最佳温度为 25～33 ℃，空气湿度为 60％～70％。当种蝇室气温低于 20 ℃时，要进行适当增温。如使用泡膜板或塑料膜隔出一些密封的小空间（适当留排气孔），使用电灯、电炉或蜂窝煤炉等进行增温。对光线较差的种蝇室还要用灯泡进行补光，保证光线明亮。②每天早上都要定时投喂苍蝇，无论是刚刚采集到的种蝇还是羽化后的成蝇，都要及时供给食物和水，以防饥饿死亡。③食盘和海绵每隔 1～2 天须清洗 1 次。

种蛹羽化繁殖。将收集好的种蛹装入羽化缸，并将羽化缸放入羽化笼，羽化笼规格和羽化后的操作同种蝇。每个羽化笼种蛹放养密度 1.0 万～1.2 万个。

用种蛹羽化时，要注意培育基料的温度和湿度。在适宜范围内，随着温度升高，羽化时间相应缩短。最佳发育温度为 35 ℃，发育仅需 3～4 天。培养料最佳湿度为 45％～55％，高于 70％或低于 15％，均会明显影响蛹的正常羽化。

另外，用人工蝇蛆留种时，一定要对此部分蝇蛆用充足的养料进行单独培育，以提高羽化后成蝇的雌性比例。

（2）**产卵孵化** 种蝇产卵期间，每天下午用盆装上集卵物，放到蝇房，让种蝇到上面产卵。集卵物可采用新鲜动物内脏或麦麸拌新鲜猪血等。傍晚再用少许集卵物盖住卵块以利于孵化，翌日把集卵物和卵块一起端出加入育蛆池粪堆上。

雌蝇从羽化至首次产卵的时间长短与环境温度密切相关：在15℃时平均为9天，在35℃时仅需1.8天。卵的发育时间一般为8～24小时，具体与环境温度、湿度有关，一般孵化时间随着温度的升高而缩短：如22℃时，需20小时；25℃时，需16～18小时；28℃时，需14个小时；35℃时，仅需8～10小时。生长基质的湿度在75%～80%时，孵化率最高；低于65%或高于85%时，孵化率明显降低。

2. 蝇蛆养殖

（1）**养殖池建设** 室内养殖蝇蛆既可用砖砌池，也可用塑料或铁皮制成的大盘。砖池要求边高20厘米左右，面积1～3米²；大盘一般边高10厘米，其规格大小以每盘能放培养基5千克左右为宜。大盘放置时，可先用竹木搭架，然后将其分多层放置其上。数量依养殖规模而定。

（2）**培育基料制备** 培育蝇蛆的基料一般是用发酵粪料或禽畜粪加部分商品饲料的混合发酵料。如猪粪60%＋鸡粪40%，或鸡粪60%＋猪粪40%，或全部为鸡粪或猪粪，或猪粪80%＋麦麸20%，或鸡粪30%＋麦麸70%，或猪粪80%＋酒精10%＋玉米或麦麸10%，或牛粪30%＋猪粪或鸡粪60%＋米糠或玉米粉10%，或豆腐渣或木薯渣20%～50%＋鸡粪或猪粪50%～80%。操作方法：粪料配制好后，再加入约10%切细的秸秆，在发酵池中密封发酵。有条件的还可加上4%有效微生物群（EM）培养液，以帮助发酵。第三天把粪翻动，5～6天后粪料即可使用。春天气温较低，粪料发酵时间可适当缩短，让粪料在饲喂蝇蛆过程中还可发酵产生热量，以减少甚至不用外加热源时，蝇蛆也能正常生长。

（3）**移卵** 发酵后的粪料，加水配制成含水量在15%左右的培养基料，在蝇蛆池中堆成3～5条高度为20～30厘米的条状粪埂，或平铺于培养盘中，厚度为3～5厘米（夏天则不超过3厘米），然后把从蝇房里取出的带蝇卵的集卵物加在粪料上，翌日再加1次，或诱集苍蝇产卵。按每5千克培养基接种蝇卵4克的比例接种。

（4）**投喂** 蝇卵在培养室内经过 8～12 小时就能孵化成蛆，孵出的幼蛆会慢慢分散开并钻入粪料中采食。幼虫刚吃饵料时，一般是自上而下。在培育中，如果发现孵出的小蝇蛆一直在粪料表面徘徊，不钻入粪中，应适当添加麸皮拌猪血或新鲜动物内脏进行饲喂。如果蝇蛆还未长大就从粪料中出来到处乱爬，就要检查粪料中是否湿度、温度过大或饵料不足或幼虫密度过大等。

饲养人员要随时检查，及时采取措施。如根据情况进行翻料或是尽快添加新粪料，或降温、降湿等。一般 6 天左右，粪料中的蝇蛆会全部爬出，粪料养分也基本消耗，此时应将残料全部铲出，换进新的粪料再进行生产培育。

（5）**日常管理** 一是保持室内适宜的温度和湿度。蝇蛆培育与培育室的温度和湿度有关。温度高低直接关系到蝇蛆发育时间的长短。蝇幼虫发育最快的适宜温度为 35 ℃。当培养基料温度 34～40 ℃时，发育期为 3.0～3.5 天；温度 25～30 ℃时，发育期为 4～6 天；温度 20～25 ℃时，发育期为 5～9 天；温度 16 ℃时，发育期长达 17～19 天。另外，蝇蛆的发育还需要一定的湿度，在生产实践中，室内最适宜的湿度要保持在 65%～70%。二是保持室内通气。空气的流通有利于蝇蛆的生长发育。

（6）**蝇蛆分离** 从孵化幼虫到蝇蛆一般 3～4 天即可收获。收获方法：利用蝇蛆避光性特点，将培养基置于强光之下，蝇蛆便会钻到培养基料底层，除掉上面培养基料，并将剩余培养基料倒入纱布筛内，在水中反复漂洗，即可得到干净的蝇蛆。

（三）黄粉虫的培育

黄粉虫又名面包虫，属鞘翅目，拟步行虫科，粉甲虫属。在自然界中，多栖息于粮食或饲料仓库中，是仓库的一大害虫。但由于其无论是幼虫、蛹，还是成虫，均可作为活饵料和干饵料来饲养黄鳝、泥鳅、稚鳖、稚龟、虾、蟹、金鱼、热带鱼等名优水产动物，所以具有很高的饲用价值。

黄粉虫与苍蝇一样，是一种变态昆虫，其一生同样有 4 个生活阶段，即卵、幼虫、蛹、成虫。黄粉虫适应性强，病害天敌少，食性杂。其适宜生长温度为 13～32 ℃，当温度低于 10 ℃时，幼虫极少活动；当温度低于 0 ℃或高于 38 ℃时，幼虫有被冻死或热死的危险。因此，在自然温度下，南方各省全年均可进行养殖。另外，黄粉虫有较强的耐干旱能力，幼虫最适生长的空气湿度为 65%～70%。若湿度过大，黄粉虫会因气孔受阻很快窒息死亡。

黄粉虫的最大养殖优势在于培育技术简单，可进行密集型大规模饲养。饵料来源广且价格低廉，用麸皮和青菜叶就可进行养殖。一般 1.5～2.0 千克的麸皮可以培育 0.5 千克黄粉虫。下面就黄粉虫的培养方法简要介绍如下。

1. 黄粉虫种源

黄粉虫的 4 个生活阶段均可作为种源引入。需要注意的是：在运输幼虫和蛹时，可直接用塑料桶装一些麦麸提运；但若是运输成虫，因成虫爬行能力较强，且个别成虫还会飞，所以除桶内装一些麦麸外，还要在桶口扎一个网罩方可提运。并且在整个运输中应避免有水浸入运输桶内。

2. 黄粉虫培育

（1）**黄粉虫培育方式** 黄粉虫的培育技术比较简单，既可进行大面积的工厂化养殖，又可以在自己家里搞小型饲养。具体采用哪一种方式，可根据自身条件和水产品养殖规模的生产需要来确定。

大规模工厂化培育：修建若干间培育室，并在培育室的门窗上装上门帘和纱窗，以防鼠、蛇、蚂蚁等敌害生物进入室内。在每间房内安装若干排木架（或铁架），每只木架（或铁架）分 3～4 层，每层间隔 50 厘米，每层放置一个培育槽。培育槽的大小要和放置培育槽的木架大小相适应。培育槽的规格一般为长 100 厘米、宽 60 厘米、高 10 厘米。如果使用木板做培育槽，应在培育槽内壁裱贴蜡光纸，使内壁光滑，以防止黄粉虫爬出。槽四周和底部不能有缝隙，以防小虫外逃。培育槽可以分为成虫培育槽和幼虫培育槽两部分，成虫培育槽专门用来培育成虫产卵，并定期集卵进行孵化；

幼虫培育槽主要是培育卵或 3 月龄前的幼虫。

小规模家庭式培育：用面盆、木箱、纸箱、瓦盆等容器，放在自家阳台上培育黄粉虫，这是一种简单有效的解决动物性活饵料的培育方式。若容器太粗糙，在其内壁裱贴光滑的纸即可使用。

（2）**黄粉虫培育工具** 除准备好前面已讲的养殖设备外，有条件的话，还应备好下列工具：一个高压消毒锅或一个蒸笼，做饵料消毒用，以杀死饵料中的害虫和螨类；几种不同规格的筛子，用来分理或筛取不同规格的幼虫；一支温度计，用来随时测定温度；以及一些鸡毛翎，用来拨扫黄粉虫的幼虫。

（3）**黄粉虫的投种** 由于黄粉虫的 4 个生活阶段都可作为种源引入，所以具体引种要以方便、有效为原则。如以蛹为种，应挑选生长快、健康、肥壮的虫蛹来做。在室内温度和湿度适宜的情况下，经 5～7 天即可羽化为成虫。在 1～2 天内将羽化后的成虫转移到成虫培育槽中。若转移的数量较少，可以用手拣拾；若转移的数量较多，可以用鸡毛翎将蛹和成虫扫到培育槽的一头，在扫开的地方洒上一些新鲜麦麸，再放一些白菜叶，成虫便会自行转移到新鲜饵料上去，这时便可将成虫迁移到成虫培育槽中去。

在转移成虫之前，要将成虫培育槽清扫干净，并在槽的底部铺上一层白纸，在纸上洒上 1～2 厘米厚的麦麸。在转移成虫时，要注意掌握成虫培育槽中的放养密度，一般每平方米可放入成虫 4 000～5 000 只。

在室内温度和湿度都适合的情况下，羽化后的成虫经 5～6 天后便可以进行交配产卵。以后每隔 6～10 天再产卵 1 次。因为成虫个体间的产卵时间不一致，所以几乎每天都有成批的成虫交配或产卵。如果成虫培育槽中的饵料厚度没有超过 2 厘米，就会有 95% 以上的成虫将卵产在饵料下面铺的白纸上面，这种带卵的纸称为卵箔。每隔 3～5 天用鸡毛翎扫开一些饵料，观察卵箔上卵的密度。如果发现每平方厘米卵箔中有 5～10 粒卵，即可将饵料和成虫移开，把卵箔抽出来，转移到幼虫培育槽中，让其自行孵化。然后在原成虫培育槽中重新铺上白纸，将原饵料和成虫放回，让它们继续产卵。以后每隔数日抽取 1 次卵箔，更换 1 次白纸。这样既可以估计卵的数量，又利于每张卵箔上卵的孵化时间一致，使幼虫规格整齐。为保证卵孵化率、幼虫成活率和质量，种虫经 2 个月产卵后，最好将其淘汰，换新的种成虫。淘汰的种虫可投喂水产动物。

（4）黄粉虫饲养与管理

饵料投喂：人工培育黄粉虫的饵料有两类，一类是精料，如麦麸、米糠；一类是青料，如各种瓜果皮或青菜。精料在使用前要进行消毒、晒干处理，若是新鲜麦麸，也可直接投喂。青料要先洗去泥土并晾干水分后投喂，不要把水分带入培育槽，以防饵料发霉。不要投喂霉变的饵料。

将卵箔转移到幼虫培育槽内后，可在卵箔上面撒上薄薄的一层麦麸，在适宜的温度和湿度范围内，5～10 天就能自行孵出幼虫。孵出的幼虫在 1 个月内不需要投喂，此时其食用产卵麸皮等物。刚孵出的幼虫和麦麸混在一起，用肉眼不易看得太清楚，可用鸡毛翎拨动一下麦麸，如发现麦麸在动，说明有虫。也可以用放大镜进行观察。

随着幼虫的蜕皮生长，个体变大，应逐步添加精料和少量青料。1～3 月龄的幼虫，一般每天早、晚各投麸皮、菜叶 1 次。投喂的菜叶应含水分较多，而且新鲜，但不宜带过多水，否则培养箱内湿度过大，会导致幼虫死亡。一般日投喂量为虫体重量的 10% 左右。幼虫在每次蜕皮前均处于休眠状态，不吃不动，蜕皮时身体进行左右旋转摆动，蜕皮 1 次需要 8～15 分钟。蜕皮后的幼虫身体和食量均明显增大。这时应根据幼虫吃食的情况适当多喂一些饵料。每次的投喂量以上次投喂吃完的量为准。

黄粉虫耐干旱的能力很强，即使不喂青料也能生长繁殖。但是黄粉虫特别喜欢吃青料，以补充其身体所需要的水分和维生素。在对比实验中发现，喂青料的幼虫明显比不喂青料的幼虫长得快，因此，在幼虫培育过程中，要适量投喂一些青料。黄粉虫的幼虫一般要经历 17 次蜕皮（快的需 70 天左右，慢的需要 90～120 天）后便开始逐渐变成蛹。1～5 次蜕皮时，一般以精料为主，青料为辅；6～17 次蜕皮时，随着幼虫的慢慢长大，要适当增加青料的投喂量。尤其在幼虫的末期，应多投喂一些青料，以利于幼虫在化蛹前储藏足够的营养，促进化蛹进程，并为羽化后的成虫能够多产卵打下良好基础。

调节培育槽温度和湿度：黄粉虫和其他昆虫一样，属变温动物。它的生长发育、生命周期与其生活环境的温度、湿度都有密切的关系。黄粉虫的卵、幼虫、蛹、成虫的最适温度分别为 $19\sim26℃$、$25\sim29℃$、$26\sim30℃$、$26\sim28℃$；其最适湿度均为 $78\%\sim85\%$。

如果黄粉虫生活环境的温度和湿度超出了适应范围，其死亡率往往较高。因此，当夏季气温高，水分易蒸发掉时，要注意通风降温。若培育室内过分干燥，应在地板上洒些凉水，以降低温度，增加湿度。在梅雨季节，培育室内湿度过大时，饵料容易发霉，应经常打开窗户通风。当冬季天气寒冷时，可以关闭窗户在室内采取加温措施。

日常管理：一是大小分养。黄粉虫的卵、幼虫、蛹、成虫虽然可以在同一培育槽中培育，但由于大幼虫有时会咬食小幼虫和蛹，而影响其成活率。而在幼虫实际培育过程中，因孵化时间和生长速度的不一致，黄粉虫常出现大小不整齐的现象，因此，为了获得黄粉虫高产，在过筛中应尽可能把不同规格的幼虫分开培养。二是合理密度。孵化后 1 月龄的幼虫，随着个体逐步变大，此时应及时分槽培养，办法是将 1 个槽的幼虫分到 2 个槽中进行培养。当幼虫达到 2 月龄或 3 月龄时，也可用同样的方法再次进行分槽稀养。三是种蛹管理。当幼虫经过最后一次蜕皮后就化成了蛹。初化蛹的颜色呈乳白色，$1\sim2$ 天后变成浅白色或稍带棕黄色。当幼虫开始羽化后，要坚持每天把蛹检出来放到另一个培育槽中单独存放。蛹不吃饵料，但为了给蛹创造一个舒适的环境，仍然要在培育槽中撒入适量的麦麸。当天气干燥时，可用一些青菜叶盖在蛹的上面，或洒入少量的水，以便蛹能顺利羽化成虫。黄粉虫的蛹有大有小，可以把个体大、光泽亮的挑出来做种蛹，一般留 $30\%\sim40\%$ 的种蛹即可满足繁殖的需要，把个体小、瘦弱的蛹做饵料处理。

粪便处理：黄粉虫幼虫粪便为圆球形，和卵的大小差不多，无臭味，富含氮、磷、钾成分，是良好的有机肥。并含有一定量的蛋白质，可做家禽的饵料。当幼虫培育槽中饵料全部变成微粒虫粪时，应用 40 目筛子筛除虫粪，前期每 7～10 天筛除 1 次，后期可5～7 天筛除 1 次。在清除粪便的前一天，不再添加饵料，待清除粪便后方可喂食。清除粪便的方法是用筛子筛出。筛子可用尼龙纱绢做成，前期幼虫的粪便可用 11～23 目的纱绢做筛布，对中后期幼虫的粪便可用 4～6 目的纱绢做筛布。总之，以能让幼虫粪便筛出，而幼虫又钻不出筛孔为原则。在筛粪时，要注意轻轻地抖动筛子，以免把幼虫弄伤，并注意检查所筛出的粪便中是否有较小的幼虫。若有，可用稍小一些规格的筛子再筛一遍，或把筛出的粪便都集中放到一个干净的培育槽中喂养一段时间后再筛。

（四）水蚤的培育

水蚤是枝角类的俗称，隶属于节肢动物门，甲壳纲，枝角目，是淡水中最重要的浮游生物之一。水蚤不仅含有较高的蛋白质（干物质中含蛋白质 40％～60％）和鱼类营养所必需的氨基酸，而且还含有丰富的维生素及钙质，是黄鳝苗种培育阶段理想的活饵料。过去，生产中常常采用在池塘中施肥方式来培育水蚤，或人工捞取天然水蚤，这些方式在很大程度上都要受气候、水温等自然条件限制。随着黄鳝养殖规模的快速增长，对水蚤的需要不仅要求量大，同时还要求能人为控制，保障供给。因此，近年来大规模人工培育水蚤受到了普遍重视。下面就水蚤的培育方法做一介绍。

1. 水蚤种的来源

用于人工培育的水蚤种应选择有生态耐性、繁殖能力强、体型较大的种类。蚤属中适宜于人工培育的常见大型蚤有蚤状蚤、隆线蚤、长刺蚤以及裸腹蚤属中的少数种类。一般水温达到 18 ℃以上时，一些富营养水体中就会有水蚤大量繁殖，早晚群集时可用浮游生物网采集；在室外水温低，尚无水蚤大量繁殖的情况下，可取往年水蚤大量繁殖过的池塘底泥，其中休眠卵（冬卵）经一段时间的滞育期后，在室内给予适当的繁殖条件，也可获得蚤种。

2. 水蚤的培育条件

水蚤虽多系广温性，但通常在水温达 16～18 ℃以后才大量繁殖。培育时水温以 18～28 ℃为宜。大多数种类在 pH 为 6.5～8.5 的环境中均可生活，最适 pH 为 7.5～8.0。水蚤对环境中溶解氧变化有很强的适应性，培育时池水溶解氧饱和度以 70%～120%最为适宜。有机耗氧量应控制在 20 毫克/升左右。水蚤对钙的适应性较强，但是过量的镁离子（大于 50 毫克/升）对它的生殖会有抑制作用。人工培育的蚤类均为滤食性种类，其理想食物为单细胞绿藻、酵母、细菌及腐屑等。

3. 培育方式

（1）**室内小型培育**　室内小型培育的规模小，各种条件容易人为控制。一般可利用单细胞绿藻、酵母进行培育。塑料桶、玻璃缸等都可作为培育容器。利用绿藻培育时，可在装有清水（过滤后的天然水或曝气自来水均可）的容器中，注入培养好的绿藻，使容器中的水由清澈变成淡绿色，即可放入蚤种。利用绿藻培育水蚤效果较好，但应注意容器中绿藻的密度不要太高，一般将小球藻的密度控制在每毫升 200 万个左右，而栅藻的密度应控制在每毫升 45 万个。若密度过大反而不利于水蚤的摄食与生长。

利用酵母培育水蚤，应保证酵母的质量，投喂量以当天能吃完为好。若酵母投得太多，容易败坏水质。此外，使用酵母培育的水蚤，其营养成分缺乏不饱和脂肪酸，故在给黄鳝、泥鳅苗种食用之前，最好再用绿藻进行第二次强化培育，以弥补单纯用酵母培育的缺点。

（2）**室外培育**　室外培育水蚤可以较大规模地进行。若利用单细胞绿藻来培育水蚤，不仅占时占地，而且工艺太复杂。通常以池塘施肥或采用植物汁培育水蚤为好。土池、水泥池均可作为培育池。培育池以面积 10 米² 以内、水深 100 厘米为宜。培育池的形状最好建成长方形。先在池中注入约 50 厘米深的水，然后施肥。若是水泥池，每平方米投入畜粪 1.5 千克做基肥，以后每隔 1 周施 1 次追肥，每次 0.5 千克左右，每立方米水体再加入 2 千克的肥沃土壤，发挥土壤调节肥力和补充微量元素的作用。若是土池，其施肥量应较高，一般为水泥池的 2 倍左右。若利用植物汁培育时，先将莴苣、卷心菜或三叶目等无毒植物的茎叶充分捣碎，以每平方米 0.5 千克作为基肥投入培育池中，以后每隔几天，根据水质的情况酌情追肥。值得注意的是，无论使用哪一种基肥，都应当在施基肥后将池水曝晒 2～3 天，并捞去水面渣屑，然后再放蚤种。放蚤种的数量以每平方米 30～50 克为宜（以平均 1 万个水蚤为 1 克估算）。如果环境条件适宜，一般在放种后 10～15 天，水蚤就会大量地繁殖而布满整个培育池。此时便可以采收利用。

（3）**工厂化培育** 在有条件的地方，可采用工厂化培育的方法来培育水蚤。工厂化培育的种类主要是繁殖快、适应性强的多刺裸腹蚤。这种水蚤为我国各地的常见种类。用酵母、单细胞绿藻方式进行培育，可以获得较高产量。

室内工厂化培育水蚤，一般采用培育槽，由几吨到几十吨不等。一只 15 吨规格的培育槽，其长为 500 厘米、宽为 300 厘米、深为 100 厘米。槽内应配备通气、控温和水体交换装置。为防止其他敌害生物的繁殖，可利用多刺裸腹蚤耐盐性强的特点，用粗盐将槽内培育用水的盐度调节到 1～2。其他生态条件应控制在最适范围，即水温 22～28 ℃、pH8～10、溶氧量 5 毫克/升以上。每吨培育水体可放入蚤种 500 个左右。

如果用面包酵母作为饵料，应将冷藏的酵母用温水溶化，配置成 10%～20% 的溶液后向培育槽内泼洒，每天泼洒 1～2 次，酵母的使用量为槽内蚤种湿重的 30%～50%，一般以在 24 小时内被吃完为好。初期可稍多一些，末期可酌情减少。如果用酵母和小球藻混合做饵料，则可适当减少酵母的使用量。放入蚤种 2 周后，槽内水蚤的数量达到高峰，并且出现在水面卷起旋涡的现象，此时可每天采收利用。如果培育顺利的话，采收时间可持续 20～30 天。培育技术要点如下。

用于培育的蚤种，要求个体强壮，体色微红，最好是第一次性成熟，如用显微镜观察，可见肠道两旁有红色的卵巢。而身体透明、孵育囊内附有冬卵、种群中有较多雄体的都不宜用来接种。

人工培育水蚤虽工艺简单，效果显著，但是种群的稳定性难以控制，甚至短时间（一昼夜或几小时）内会发生大批死亡现象。为了便于管理，培育池面积宜小而数量宜多。

在正常情况下，水蚤以孤雌生殖方式进行繁殖，种群生长迅速，但是环境条件一旦恶化或变化剧烈，蚤类即行两性生殖，繁殖速度明显减慢。因此，培育时应尽量保持环境的相对稳定，以避免饥饿、水质老化的发生及温度、pH 的大幅度变化。同时应注意观察水蚤的状态，如发现水蚤体色淡、肠道呈蓝绿色或黑色、卵呈浅蓝绿色，并出现大批雄蚤和冬卵的个体、种群中幼体数少于成体数等现象，都是培育情况不良造成的，应及时采取措施或重新培育。

培育池四周不应有杂草，因为杂草丛生不仅消耗水中养分，同时更易使有害生物繁殖。夏秋傍晚时分，应用透气纱窗布将培育容器盖严，以防蚊虫进入培育池中产卵。小型蚤类繁殖快，鱼类适口性好。如果需要培育小型种类，则可用极低浓度（0.5 毫克/升）的敌百虫药液控制培育池中的大型种类。

如需连续培育，应将每次采收蚤类的数量控制在培育池中现存量的 20%～30%。采收成团群体蚤类的工具是手抄网。当培育结束时，如需要为下一次保留蚤种，可在培育达到较大密度时，且在 25～30 ℃水温条件下，突然中断投喂饵料，饥饿数天，即可获取大量冬卵。然后将冬卵吸出阴干，装瓶封蜡，存放在冰箱或阴凉干燥处。也可以不吸出，留在原培育容器或池塘中，再次培育时，只需排去污水，同时注入新鲜淡水，蚤类的冬卵即会孵化。

四、饵料配方与加工

饵料配方要根据黄鳝的营养需要、饵料营养价值、原料现状和成本等因素合理地确定各种原料的配合比例，这种原料的配合比例称为饵料配方。一个合理的饵料配方不仅反映组成配方的各种饵料原料间量的关系，而且由于合理搭配使整个饵料发生质的变化，提高了营养价值，其饵料利用率、黄鳝的生长效率是任何单一品种饵料所无法比拟的。合理地设计饵料配方是科学养殖黄鳝不可缺少的环节。只有饵料配合得合理，保证各种营养物质之间的协调作用，才能满足黄鳝的营养需要，充分发挥黄鳝的生产性能。

黄鳝饵料的配制要根据黄鳝在不同生长时期对各种营养素的需求，充分考虑氨基酸和脂肪酸的平衡，做到饵料配方科学、营养均衡、诱食性好，加工粉碎粒度细，熟化程度高，水中稳定性好，易消化吸收等。提高饵料的吸收转化率，降低饵料系数。

饵料加工原则：适口，有利于摄食。

1. 黄鳝人工配合饲料配方

随着黄鳝人工养殖规模越来越大，单一的动物性饵料已满足不了黄鳝养殖的饵料需求，开发并投喂人工配合饲料已成为黄鳝养殖生产饵料来源的必然趋势。与鲜活饵料相比，黄鳝人工配合饲料具有营养全面、保障性强、投喂方便、清洁卫生等优点。养殖实践也证明：将配合饲料和动物性饵料合理搭配，养殖效果较好。下面介绍几例黄鳝人工配合饲料的配方实例，供参考。

(1) 南京大学雷涌参照浙江大学舒妙安配方设计的黄鳝饵料配方　鱼粉 60.0%、淀粉 22.0%、酵母粉 4.0%、谷朊粉 2.0%、豆粕 4.0%、多维 1.2%、多矿 1.0%、添加剂 1.0%、其他 4.8%。养殖效果：经 120 天的试验，尾重由 27.8 克长到 109.7 克，增重 2.95 倍，成活率 90.5%。经试验，最佳饵料系数达到 1.27（即投喂 1.27 千克饵料可使黄鳝增重 1 千克）。

(2) 湖北省监利县程集镇设计的黄鳝饵料配方　成鳝料配方：豆粕 22%、标准面粉 22%、啤酒酵母 5%、玉米蛋白质粉 6%、鱼油 3%、鱼粉 31%、其他 8%、添加剂 3%。幼鳝料的配方：豆粕 20%、标准面粉 22%、啤酒酵母 5%、玉米蛋白质粉 6%、鱼油 3%、鱼粉 33%、其他 9%、添加剂 3%。

2. 黄鳝饵料的加工方法

(1) 单一的动物性饵料　可以不经加工直接投喂，如蚯蚓、蚕蛹、蝇蛆、螺、蚌、小鱼、小虾等。对较大的野杂鱼及动物内脏等仅需切碎后即可投喂。

（2）**人工配合饲料** 既可直接投喂，也可与动物性饵料一起经加工后再投喂。加工方法：首先把每天需要投喂的配合饲料粉碎或在投喂前用水泡软，掺入 5％～10％ 的面粉做黏合剂，喷洒适量的水（一般 1 千克干料加水 300～400 毫升）。再将每天需要投喂的动物性饵料切碎，如蚯蚓、蝇蛆、鱼肉、蚌肉、动物内脏等，然后将两者充分混合、拌匀，制作成软团状或小颗粒投喂于食台上。有条件的也可用绞肉机（使用 3～4 毫米模孔）将动物性饵料绞碎，再加配合饲料混合均匀后，制成软团状或绞成细条状投喂。需要注意的是，细条状的加工料因又长又软，需要等稍晾后，再用手轻轻翻动，让其自然断开才可投喂。制作的团状料或软颗粒料应现做现用。

（3）**药物或其他特殊物质**（如维生素、保肝、护肝的中草药等）可将药物或其他物质放入黏合剂或面粉中，先将其加水调成较稀的糨糊状，然后倒入干的颗粒料中充分搅拌，让药料黏附在饵料颗粒上，等吸收晾干后再投喂。

五、黄鳝饵料投喂技术

黄鳝是以动物性饵料为主的鱼类，在人工养殖时，养殖者可依据当地的饵料资源决定饵料的性质，既可以投喂单一的鲜活动物性饵料，也可以投喂人工配合饲料，还可以把动物性饵料和人工配合饲料按一定的比例混合投喂。无论采用哪种饵料投喂都必须注意：①投喂鲜活饵料要求饵料新鲜，不腐烂变质，有些饵料最好还要消毒或煮熟后投喂：如螺、蚌、鱼等。②投喂人工配合饲料，由于黄鳝对氨基酸等营养成分的要求高于其他普通鱼类，因此，要选用蛋白质含量较高的优质配合饲料，一般要求粗蛋白质含量在 35％～45％，同时要求有一定的适口性，以满足黄鳝的正常生长。③如果是动物性饵料和人工配合饲料混合投喂，一定要把两种饵料混合均匀，并且在一段时间内混合比例要保持相对稳定，不要随意变动。④单一的植物性饵料喂养效果较差，不适宜投喂。⑤越冬前，在投喂的饵料中加入一些抗应激营养剂或抗菌剂，如"黄鳝健壮宝"

"黄鳝越冬宝""鳝宝电解维他""鳝宝保肝宁"、双黄连等，有利于帮助黄鳝正常摄食，正常吸收，增强能量储备及肝脏功能，对提高黄鳝越冬期间的各种应激能力，保证黄鳝的安全越冬有重要作用。

（一）饵料投喂原则

一是根据鱼体大小确定投喂饵料种类，以满足黄鳝不同生长阶段的营养需求；二是坚持"四定"投喂原则，并根据季节、天气、水质及摄食情况灵活调整投喂量，避免投得过少影响生长，过多造成浪费，详述如下。

（1）**定时**　野生黄鳝白天穴居，夜出觅食。通过驯养后的家养黄鳝，白天也能很好摄食，一般都在白天下午投饵。水温 20～28 ℃时，在 08:00—09:00、17:00—18:00 各投喂 1 次，上午投喂全天饵料量的 30%，晚上投喂 70%。水温在 20 ℃以下或 28 ℃以上时，每天下午投饵 1 次。

（2）**定点**　饵料投在鳝池固定的地方。投饵点应尽可能集中在池的上水口，这样饵料一下水，气味就流遍全池，使黄鳝集中吃食。投饵点不要轻易变更，让黄鳝形成在固定地点取食的习惯。

（3）**定质**　黄鳝以荤食为主，饵料必须鲜活，切忌投喂腐败食物；喂的配合饲料，也切忌变质发霉；蛋白质及各种维生素一定要有保证。因黄鳝是以肉食性为主的杂食性鱼类，其主要饵料要以动物肉为主。人工配给部分植物性饵料，如麸皮、米糠、饼粕及瓜菜之类。黄鳝对饵料选择性较强，一经长期摄食某种饵料，就很难改变其食性，故在饲养初期，必须不断驯食，投喂一些来源广、价格低、增肉率高的混合饵料。并要求动物性、植物性饵料合理搭配，使饵料的蛋白质含量达 35%～40%。有条件的，最好投喂配合饵料和鲜活饵料，其营养成分比单一饵料好，饵料系数低，黄鳝生长快，不易生病，成本也低。

（4）**定量**　黄鳝很贪食，当吃惯人工投喂的饵料以后，往往会一次吃得很多，或将大块的饵料吞入腹中，结果消化不良，几天都不吃食，严重的还会胀死。因此一定要将饵料切碎，投饵时要少量多餐，1 天的量要分 2～3 次投喂。

投饵量还与水温有关，黄鳝在 15 ℃左右开始摄食，15～20 ℃摄食量逐步上升，20～28 ℃摄食最大，28 ℃以上又逐渐下降。其投饵率（％）要根据温度确定：在水温为 20～28 ℃时，鲜活饵料日投饵率为黄鳝体重的 6％～10％，配合饲料日投饵率为黄鳝体重的 2％～3％；水温在 20 ℃以下或 28 ℃以上时，鲜活饵料日投饵率为 4％～6％，人工配合饲料日投饵率为 1％～2％。

具体的日投饵量，还要根据实际情况加以增减。若投饵后2.0～2.5 小时还吃不完，则下次投饵时要减少投饵量；若 1 小时不到就已吃完，则下次投喂要增加投饵量。天阴、闷热、雷雨前后，或水温高于 30 ℃，或低于 15 ℃，都要注意减少投饵量。室外池在下雨天，黄鳝很少吃食，可少投或不投。水温在 24～28 ℃时，是黄鳝旺长的好时机，要及时加大投饵量。水温降至 10 ℃时，即可停止投食。

（5）**看季节** 黄鳝的摄食量在一年中是不等的，投饵的基本原则是中间量大，两头量小，即 6—9 月所用饵料量应占到全年的70％～80％，6 月以前及 9 月以后量小，只占全年所用饵料量的20％～30％。

（6）**看天气** 晴天多投，阴雨天少投，闷热无风或阵雨前停止投喂。当水温高于 28 ℃，低于 15 ℃时，要注意减少投饵量。24～28 ℃时，是黄鳝生长最旺的时候，要及时适当增加投饵量和投喂次数。

（7）**看水质** 水质好时多投，水质差时少投。

（8）**看食欲** 黄鳝活跃，摄食旺盛，抢食快，一般饵料在 2 小时内全部吃完的，可以适当增加投饵量；若有剩余，则需适当减少投饵量。

（二）饵料投喂方法

对环境变化及食物气味敏感是黄鳝的特点之一。如当黄鳝吃惯了某种饵料后，若改变饵料品种或配方成分，它就会马上减食或拒食。特别是改变后的饵料品质比之前批次差的情况下，表现尤为突出。因此，用天然野生鳝种进行人工养殖时，鳝种入池（箱）后必须进行摄食驯化。黄鳝入池（箱）3 天后就要开始摄食驯化。摄食驯化包含两个阶段，即开口驯化和转食驯化。

（1）**开口驯化** 鳝种入池（箱）后，第四天傍晚开始投饵，其饵料应全为鲜动物性饵料，如鱼糜、蚯蚓等；要求用于驯食的鲜饵要新鲜、干净。饵料形态为糜状。饵料定点投放在食台或箱内水草上，日投饵率为黄鳝体重的 1%，每天 1 次；从第五天开始，对摄食完全的池塘（网箱），每天按鳝种的体重的 1% 增加投饵量。依此类推，当投饵量达到黄鳝体重的 5%～6% 时，开口驯化完成。这个过程一般需 7～10 天。

（2）**转食驯化** 驯食所用的饵料由上一阶段驯食所用鲜饵与黄鳝专用配合饲料组成。开口驯化成功后，在鲜动物性饵料中加入 5%～10% 的配合饲料，待黄鳝适应并完全摄食后，再日递增 15%～20% 的配合饲料（鲜动物性饵料每减少 1.0 千克，配合饲料相应添加 0.2 千克代替），直到完全使用配合饲料或符合两种饵料（鲜活动物性饵料和配合饲料）事先确定的配比为止。

经转食驯化后的黄鳝，在投喂配合颗粒饲料时，水泥池养殖可直接将颗粒饲料撒在无水区；土池及网箱养殖要使用黏合剂将颗粒饲料拌和成团状或将颗粒饲料放在加水的鱼糜中浸泡，轻度软化后再投放到池（箱）内的水草上。

（三）饵料投喂量

初期投喂时，饵料投喂量要由少到多，逐步增加。一般水温在 24 ℃以上时，初次投喂量干料为黄鳝体重的 0.2%，湿料为黄鳝体重的 0.5%；当水温低于 24 ℃时，则初次投饵要比前面的标准适当减少。具体投喂量要根据吃食情况适时增减。

摄食驯化成功后，即进入正常的饲养管理阶段。日投饵率：鲜饵 7%～10%，或配合饲料 2%～3%，每天 1～2 次。计算投喂总量时，配合饲料和鲜饵的换算关系是 5 千克鲜饵折合 1 千克配合饲料。具体日投喂量要视气温、水温、水质、剩饵、摄食速度等情况灵活掌握。由于黄鳝有贪食的习性，我们投食的最高限量应控制在其体重的 10％以内（鲜饵或湿料重）。一般水温在 24～28 ℃时，配合饲料的日投喂量为黄鳝体重的 2％～3％，鲜饵的日投饵率可为黄鳝体重的 10％，水温在 24 ℃以下或 28 ℃以上时投喂量应以此为标准适当减少。投喂量的确定应以投喂 2 小时内基本无剩饵为标准；如投喂量长期低于此下限标准，就要考虑苗种的成活率，驯食成功性以及是否有逃苗、发病等因素存在，及时采取相应对策。

第四节　养殖水质调控技术

黄鳝生活在水中，水质的好坏对黄鳝摄食、生长、健康均会产生极大的影响。养殖水质调控目的就是把养殖用水调节到符合黄鳝生长所要求的范围，以满足他们的生长、发育和繁殖。

黄鳝养殖水质的具体参数要求如下。

溶氧量：黄鳝对水体溶氧量要求不高，只要身体潮湿就不会缺氧死亡；硫化氢：为有毒气体，黄鳝对其敏感，易中毒或致病，水体硫化氢浓度要求不超过 0.2 毫克/升；氨：为有毒气体，黄鳝对其敏感，氨过多黄鳝易中毒或致病，水体氨的浓度要控制在 0.01～0.02 毫克/升；亚硝酸盐：是诱发鱼病的重要因素，水体亚硝酸盐浓度要求不大于 0.1 毫克/升；pH：要求水体为中性微偏酸性较好，即 6.0～7.5 为好，当 pH 超过 8.5 对黄鳝生存及生活有不好影响。水质达到了以上指标，就说明水体中优质藻类繁殖旺盛，光合作用强烈，水中溶氧量充足，pH 适宜，有害化学物质含量低，环境条件优良。

一、养殖水质判别

"好水养好鱼"是渔业养殖生产实践经验的总结，判断养殖水质的好坏既可以通过化学方法定性定量分析水体的基本参数（如溶解氧、盐度、pH、总铵、亚硝态氮及浮游生物种类和数量等），也可以通过观察水色。水色是水中的溶解物质、悬浮颗粒、浮游生物等在光线反射下，综合表现出来的色彩。我国渔民看水养鱼历史悠久，它的主要依据是养殖水体中浮游生物种类、数量的变化，同时影响着养殖水体水色的变化。一般来说，好水的表现是水体中易消化的单细胞藻类繁殖旺盛，水中溶解氧充足，pH适宜，有害化学物质含量少，水生动物喜爱摄食。水产工作者把这种好水具体概括为"肥、活、嫩、爽"4个字，并确定了其对应的生物学含义。

二、养殖水质调节

一般来说，池塘经过一段时间的养殖后，水体中各种化学物质、有机物质及细菌、藻类等逐渐增加。在各种物质的作用下，水质会发生变化，如酸碱度、透明度、硬度、肥度等。若不予以改善，水质会老化或恶化，进而直接或间接地影响养殖动物的健康。因此，如何控制和调节养殖水体的水质就成为养殖生产的重要内容之一。下面是养殖生产中几种常见的水质调控方法。

(一) 物理方法调节水质

1. 注水换水调节水质

定期注水换水是调节水质最常用的也是最实用的方法之一。在池塘中，由于养殖密度较高，投饵施肥量较大，水体中的残饵、鱼类排泄物等往往因超出水体本身的自净能力而大量沉积，然后通过厌氧发酵产生氨氮、硫化氢等有害物质，引起水质恶化。尤其是在夏天高温季节，水质恶化更快。通过注水换水等办法，可以增加池水溶解氧，稀释池水中的有机物质，减少有害物质的产生，改善池塘水质。具体方法是：在7—9月鱼类生长旺季，每7~10天向池塘中加注新水1次；高温季节每2~3天换水1次；早春和晚秋每10~15天加水1次，每次加水15~30厘米；若池水恶化（如"泛池"、浮游生物组成失衡），可采取换水措施，即先放出原池1/3~2/3的老水，再补充溶氧量高的新水至原水位。

值得注意的是黄鳝池换水一定要注意温差，否则易引起黄鳝的感冒发烧，特别是秋季换水。黄鳝池换水可采取如下措施：①不在温差较大的情况下换水，用水温表测量水源水与池塘水温度，两者相差不超过2℃时，可在中午前后换水；②杂草丛生的水源进水渠道，应无条件地清除杂草，让水源的水得到充足的阳光照射，提高水温，避免温差过大；③可将水源的进水渠道水位提高，让太阳光照射升温后再进行换水；④在夜间换水；⑤抽水源表层水交换。

2. 使用增氧机调节水质

使用增氧机的目的是增加水体溶解氧。合理使用增氧机可有效增加池水中的溶氧量，促进水体对流，加速池塘水体物质循环，消除有害物质，促进浮游生物繁殖，从而改善池塘水质条件。科学合理使用增氧机应掌握"六开三不开"。

"六开"：①晴天时午后开机；②阴天时次日清晨开机；③阴雨连绵时半夜开机；④下暴雨时上半夜开机；⑤温差大时及时开机；⑥特殊情况下随时开机。

"三不开"：①早上日出后不开机；②傍晚不开机；③阴雨天白天不开机。

近年推行的池底纳米微孔增氧技术对池塘水质调控作用明显。它不仅增氧效率高、效果好，而且还解决了因水体底层缺氧引起的肥泥、排泄物及变质残饵等不能有效分解而沉积的问题。其原理为：利用鼓风机将新鲜空气压缩到铺在池塘底部、水深 1.5～2.0 米处的通气管道，通气管道再将空气挤压至铺在池中的纳米微孔管，通过微孔管的空气以微气泡形式均匀溢入水中，微气泡与水充分接触产生气体交换，大量氧气均匀溶入水中。

（二）化学方法调节水质

1. 使用化学消毒剂调节水质

消毒剂和一些生物活水剂是普遍应用的改善水质的方法，特别是水资源比较贫乏或水源不很理想的地区。目前国内外公认的最好"消毒剂"仍然是生石灰，既具有一定的杀菌消毒功效，又具有水质改良作用。使用生石灰调节水质时，一般每15～20 天按每 667

米²（水深 1 米）用生石灰 15～20 千克兑水全池泼洒 1 次效果良好。

生石灰的调节原理：生石灰遇水后发生化学反应，产生氢氧化钙，并放出大量的热。氢氧化钙是强碱，一是可在短时间内使池水的 pH 上升，中和淤泥中的各种有机酸，改变酸性环境，使池塘呈微碱性环境，有利于鱼类生长；二是可提高池水的碱度和硬度，增加缓冲能力，提高水体质量；三是氢氧化钙吸收二氧化碳沉淀为碳酸钙，碳酸钙能使淤泥变成疏松的结构，改善池底的通气条件，加速细菌分解有机质的作用，同时能稳定水体的 pH，有利于鱼类的生活。

但使用生石灰也要注意以下几点：①生石灰应现配现用，以防沉淀失效。全池泼洒以晴天 15：00 之后为宜，因为上午水温不稳定，中午水温过高，水温升高会使药性增加。夏季水温在 30 ℃以上时，对于池深不足 1 米的小塘，全池泼洒生石灰要慎重，若遇天气突变，很容易造成池水剧变死鱼。同样，闷热、雷阵雨天气不宜全池泼洒生石灰，否则会造成次日凌晨缺氧"泛池"现象的发生。②生石灰是碱性药物，不宜与酸性的漂白粉或含氯消毒剂同时使用，否则会产生拮抗作用降低药效。③生石灰不能与敌百虫同时使用，防止敌百虫遇碱水解生成敌敌畏，增强毒性。④生石灰不能与化肥同时使用，或与铵态氮肥同时使用，在 pH 较高的情况下，总氨中非离子氨的比例增加，容易引起鱼类的氨中毒。⑤生石灰不能与磷肥同时使用，活性磷在 pH 较高的含钙水中，很容易生成难溶羟基磷灰石，使磷肥起不到作用。

生石灰若与以上药物、化肥连续使用，要有 5 天以上的间隔期。

2. 使用化学增氧剂调节水质

养殖水体中使用化学增氧剂一般是通过投入过氧化物，使其在水中释放氧气；也可投入部分氧化药物，如含氯消毒剂等，其既有消毒作用，又有释放氧气的作用，还可以起到氧化有机物而减少耗氧的作用。化学增氧剂主要有过氧化氢、过氧化钙、过羟酰胺及复方增氧剂等。

(1) **过氧化氢** 又名双氧水。属强氧化剂。能形成氧化能力很强的自由羟基及活性衍生物。在其分解过程中释放出异常活泼的新生态氧，能使微生物的细胞膜和原生质破灭而达到灭活的目的，是当今国内外一致公认的一种优良增氧剂和消毒剂。

(2) **过氧化钙** 又称氧石灰，由天然矿物质经过煅烧加氧处理而成，纯粉有效释放氧为 8%，而氧气一般难溶解于水，为了增加所释放氧气溶解于水中，往往采取沙土料拌后投入等措施，尽可能在底部释放。养殖生产中过氧化钙只能当作 4% 有效溶解氧施用。施用过氧化钙时，池水 pH 明显升高，还带入较多钙离子，忌与酸碱混。常规池塘施用后往往出现水色突变等现象，按规定一般用量在 15 克/米³ 以上。

(3) **过羟酰胺** 属于温和型缓释的增氧剂，其增氧时效可达 3～5 小时，有效活性含氧量为 12% 以上，因缓释而提高有效溶解氧，分解产物为无毒物质，可以为藻类、光合细菌提供营养元素，有助于水色培养。

(4) **复方增氧剂** 主要成分为过碳酸钠和沸石粉，含有效氧 12%～13%，遇水即可释放大量的可溶于水的游离氧，能迅速增加水体溶解氧，主要用于解救因缺氧而引起的"浮头"和"泛池"。同时，具有改善水质的作用，能吸附和降解水体中的有机物，去除氨氮、硫化氢和藻类毒素等有毒有害物质。

（三）生物方法调节水质

1. 使用微生态制剂调节水质

微生态制剂又称微生态调节剂、益生素、有益菌等。它是从天然环境中筛选出来的微生物菌体经培养繁殖后制成的，含有大量有益活菌。目前，在水产养殖中用来调节水质的主要是光合细菌和化能异养菌两大类。

光合细菌具有独特光合作用能力，能直接消耗利用水中有机物、氨态氮，还可利用硫化氢，并可通过反硝化作用除去水中的亚硝酸盐，从而改善水质，促进生长。

化能异养菌是微生物复合菌剂。当这类有益菌进入水体后，能充分发挥其氧化、氨化、硝化、反硝化、解磷、硫化、固氮等作用，迅速把养殖动物的排泄物、残存饵料以及动植物残骸等有机物分解为二氧化碳和无机盐，降低了水体中氨氮和亚硝酸盐浓度；与此同时，水体中的单细胞藻类利用有机物分解后的盐类开始大量生长繁殖，通过单细胞藻类的光合作用，又补充和提高了水体的溶解氧，促进了水体中物质和能量的循环，维持了水体良好的生态环境。

在微生态制剂使用时，要注意不能与抗生素、消毒剂等化学物质同时使用。尽量减少换水。若确需换水或消毒时，应在换水后或消毒几天后再次使用，以保持其在水体中的优势。

在黄鳝养殖池泼洒微生态制剂时，可在泼洒前用池水将水草浇湿，然后把制剂泼在水草上，再将池水泼于水草，使制剂完全进入水体。

2. 栽种沉水植物调节水质

沉水植物是指根茎叶完全浸没于水中，有根或无根浮游，茎叶的一部分可浮于水面，但不露出水面，其花有时可挺出水面的一种完全的水生植物。如菹草、苦草、狐尾藻、眼子菜、金鱼藻、伊乐藻和轮藻等。其水质改良原理是：通过植物自身的生长代谢吸收水体中生物性和非生物性悬浮物质，提高水体透明度，改善水下光照条件，增加水体溶解氧，以及吸收固定水体和底泥中氮、磷等营养物质。而其中一些种类还可以富集不同类型的重金属或吸收降解某些有机污染物；可以通过抑制低等藻类的生长，控制富营养化等。一般沉水植物的根部能吸收底质中的氮、磷，植物体能吸收水中的氮、磷，从而比浮水植物有更强的富集氮、磷的能力。

有研究显示：在有沉水植物分布的区域，生物耗氧和化学耗氧、总磷、氨氮都远低于无沉水植物分布的区域。在水温 $17\sim23\,^{\circ}\mathrm{C}$ 条件下，在含总氮 16.667 毫克/升和总磷 1.67 毫克/升的 28 升水中，移入 150 克沉水植物，经过 27 天时间，水体中总氮和总磷的去除率达到 80.31% 和 89.82%。并随着时间的延长，水体中总氮的去除率不断提高。

因此，在池塘水体中，利用沉水植物特性，合理栽种沉水植物，对池塘的水质能起到很好的净水作用。

3. 建造浮床植物系统调节水质

浮床植物系统简单地说就是通过一定的方法在水面上无土栽培水生或陆生经济作物。其水质净化原理是，在浮床上栽种根系发达的水陆生植物，通过其生长大量吸收水体中的氮、磷等营养，有效降低水体中营养物的浓度和悬浮物的含量，对水体起到良好的净化作用。它的主要优点：一是直接从水体中去除营养物。二是对富营养水进行原位处理，不另外占用土地。三是能适应各种水深，植株的管理和收获也较漂浮植物系统容易。有研究表明：在浮床植物系统中，植物组织所积累的氮、磷量分别占到各自系统去除量的40.32%～63.87%，这说明水体氮、磷去除的主要途径是植物的同化吸收作用。

浮床一般用聚乙烯泡沫板制作而成，先按一定的面积间距在泡沫板上打栽植孔，然后把泡沫板连接成片组成浮床。用桩固定，漂浮于池塘中央。在栽植孔内栽入水生植物或陆生经济植物，并将植物用海绵条或钢钉固定于泡沫板的栽植孔中，3～4天后，再在每个栽植孔中用手工穴施适量的植物生长复合肥，以后不用再施追肥，让植物在水面自由生长。目前主要栽种的水陆植物有水稻、黑麦草、水芹、香根草、美人蕉、空心菜等。

在池塘中增加单位面积植物覆盖率可以提高对水体氮、磷的净化结果，但在高温季节养殖池塘鱼类也会出现部分缺氧"浮头"现象，这主要是植物在夜间的呼吸作用是随着覆盖率的增加而加大，导致了植物和鱼类在溶解氧上的竞争。因此，并不是无限制的提高植物的覆盖率都对池塘有利，一般把植物的覆盖率确定为20%比较适宜。

第五节　黄鳝的病害防治

一、黄鳝疾病发生原因

水产动物要健康的生活，一方面要求有好的环境，另一方面则一定要有适应环境的能力。如果生活环境发生了不利于鱼的变化或者鱼体机能因其他原因引起变化而不能适应环境条件时，就会引起鱼类发生疾病。因此，鱼类疾病的发生，不是孤立的单一因素的结果，而是外界条件和内在机体自身的抵抗力相互作用的结果，前者是致病的外因，后者是内因。鱼类疾病要综合加以分析，才能正确找到疾病发生的原因，采取相应的治疗措施。

引起水产动物疾病的环境因素主要有生物因素、水的理化因素和人为因素等 3 个方面。

（一）生物因素

常见的水产动物疾病中，绝大多数是由各种生物传染或侵袭机体而致病。使水产动物致病的生物，通称为病原。水产动物疾病病原包括病毒、细菌、真菌、原生动物、单殖吸虫、复殖吸虫、绦虫、棘头虫、线虫和甲壳动物等，其中病毒、细菌和真菌等都是微生物性病原，由它们所引起的疾病，称为传染性疾病或微生物病；而原生动物、单殖吸虫、复殖吸虫、绦虫、棘头虫、线虫和甲壳动物等动物性病原，在它们生活史中全部或部分营寄生生活，破坏宿主细胞、组织和器官，吸取宿主营养，因而被称为寄生虫，由它们引起的疾病称为侵袭性疾病或寄生虫病；此外，还有些动植物直接危害水产养殖动物，如水鼠、水鸟、水蛇、凶猛鱼类和藻类等，统称为敌害。

其中，黄鳝的微生物病主要有出血病、肠炎病、腐皮病、烂尾病、大头病和水霉病等；黄鳝的寄生虫病主要有棘头虫病、锥体虫病、毛细线虫病、蛭病和隐鞭虫病等；黄鳝的非生物因素病害主要有感冒病、萎瘪病、发烧病和肝胆综合征等。

（二）水的理化因素

水是水产养殖动物最基本的生活环境。水的理化因子如水温、溶氧量、pH、盐度、光照、水流、化学成分及有毒物质对水产动物生活影响极大。当这些因子变化速度过快或变化幅度过大，水产动物应激反应强烈，超过机体允许的限度，无法适应时就会引起疾病。

（1）**水温** 水产动物基本是变温动物，体温随外界环境变化而变化，且变化是渐进式的，不能急剧升降。当水温变化迅速或变幅过大时，机体不易适应引起代谢紊乱而发生病理变化，产生疾病。如鱼类在不同的发育阶段，对水温的适应力有所不同，在换水、分塘和运输等操作过程中，鱼种和成鱼要求环境变化相差不超过5℃，鱼苗要求不超过2℃，否则就会引起强烈的应激反应，发生疾病甚至死亡。

黄鳝属冷血变温动物，其体温会随环境温度的变化而变化。适宜黄鳝生存的水温为1～32℃，适宜黄鳝生长的水温为15～30℃，最适黄鳝生长繁殖的水温为24～28℃，此时摄食活动强，生长较快。水温低于15℃时，黄鳝吃食量明显下降，10℃以下时，则一般会停止摄食，随温度的降低而进入冬眠状态。当水温超过31℃时，黄鳝行动反应迟钝，摄食骤减或停止，长时间高温或低温甚至引发黄鳝死亡。黄鳝具有自行选择适温区的习性，当所栖息的环境水温不适时，黄鳝会自动寻找适宜的区域，当长时间找不到适宜生存的水温环境，就会致使黄鳝的生理功能紊乱，诱发疾病甚至死亡。在高温状态下，黄鳝频繁伸头出水面呼吸空气，在夏季水温高达35℃以上时，往往会出现黄鳝被"烫死"的现象。此外，黄鳝对水温的骤然变化也非常敏感，因而在人工养殖中，若对水温调控不当常会导致黄鳝患上感冒病。

（2）**溶解氧** 水体中溶解氧第一来源于浮游植物及水生植物的光合作用（自然状态下的主要来源）。第二来源于空气中的氧气溶解于水中，其数量多少与气压及水体和空气的接触面积等因素有关。气压越高，溶解氧越多；接触面积越大，溶解氧越多。而水体中溶解氧的消耗主要为水体中浮游生物、养殖生物的呼吸作用；其次为水体与底质中有机物的分解耗氧。池塘溶解氧条件好，就能促进水中好气性微生物大量繁殖，有机物氧化分解也随之加快，池水营养盐类增加，促进了浮游植物的大量繁殖，藻类光合作用产氧就进一步增加，再次加速有机物的氧化分解。如此良性循环，池塘能量流动加快，物质循环快，池水饵料生物多，溶解氧较高，水质良好。一般来说，几种主要养殖鱼类最适的溶氧量为 5 毫克/升以上，正常呼吸所需要的溶氧量一般要求不低于 2 毫克/升，1.5 毫克/升左右的溶氧量为警戒浓度，降至 1 毫克/升以下就会造成窒息死亡。

黄鳝虽然耐氧，但严重缺氧时，造成黄鳝"浮头"，使黄鳝的活动量增大，影响其生长和发育，造成产量不高。黄鳝和浮游生物、底栖生物、好气性细菌等呼吸，以及它们排泄的粪便和其他有机物的分解，都需要消耗大量的氧。池水中溶解氧又会因生物和理化等各种因子的影响而有所减少。这些都是造成池内溶解氧不足、发生黄鳝"浮头"的原因。

（3）**二氧化碳**（CO_2）　高密度养殖情况下，黄鳝的呼吸作用会产生大量的二氧化碳，同时代谢物的分解作用也加剧了二氧化碳累积，由于载体水量极少，加之植物的覆盖作用，水体中浮游植物光合作用消耗二氧化碳甚微。二氧化碳迅速累积导致载体 pH 大幅度下降，诱发黄鳝体液渗透压及 pH 失衡，进而降低了血液 pH 形成酸中毒，造成血液载氧能力下降，引发"缺氧症"。同时，由于 CO_2 的麻醉作用，当载体的 CO_2 排出受阻，酸中毒进一步加剧。另一方面，由于载体 pH 的下降，将发生硫化氢的毒性反应。

（4）**pH**　各种水产动物对 pH 有不同的适应范围，但一般都偏中性或微碱性，如传统养殖的"四大家鱼"等品种，最适宜的 pH 为 7.0～8.5，pH 低于 4.2 或高于 10.4，只能存活很短的时间，很快就会死亡。水产动物长期生活在偏酸或偏碱的水体中，生长不良，体质变弱，易感染疾病。如鱼类在酸性水中，血液的 pH 也会下降，使血液偏酸性，血液载氧能力降低，致使血液中氧分压降低，即使水体溶氧量高，鱼类也会出现缺氧症状，引起"浮头"，并易被嗜酸卵甲藻感染而患打粉病。在碱性水体中，水产动物的皮肤和鳃长期受刺激，使组织蛋白发生玻璃样变性。

黄鳝生长繁殖适宜的 pH 为 7.0～8.0，若低于 5 或高于 9.5，就会引起死亡。

(5) 硫化氢（H_2S） 硫化氢为无色、有臭鸡蛋气味的有毒气体，水体中硫化氢主要来源于含硫有机化合物的分解，包括动物、植物残骸和其他蛋白质的分解，有的则是通过硫酸盐还原作用产生。因自然水体中含有大量硫酸盐，高密度养殖情况下，载体极易缺氧，一旦缺氧，硫酸盐还原菌就将硫酸盐还原为硫化氢，加之载体酸性转化，更加剧了硫化氢的生成和毒性作用。

硫化氢的主要危害表现为：使鱼类神经系统中毒，抑制某些生理功能。如池塘中硫化氢浓度超过 1 克/米³ 时，养殖的虾、蟹等甲壳类动物会死亡，黄鳝表现为中毒现象。

(6) 氨氮（$NH_3 - N$） 水产养殖中的氨氮主要来源于饵料、水产动物排泄物、肥料及动植物尸体的分解，一般鱼类的含氮排泄物 80%～90% 为氨氮。水体中 $NH_3 - N$ 主要以 $NH_3 \cdot H_2O$ 和 NH_4^+ 的形式存在，两者合称为总氨，其中游离态的 $NH_3 \cdot H_2O$ 对鱼类毒性大，而离子态的 NH_4^+ 对鱼类毒性较小。但总氨一旦超过 10 克/米³ 浓度，则会迅速产生毒害。主要表现为损伤黄鳝表皮黏液层、呼吸器官以及降低血液载氧力。黄鳝分泌的黏液，是载体氨蓄积的主要来源，黏液本身就含有一定量的氨，而主要成分的尿素、尿酸分解则直接形成氨。黄鳝的排泄物是氨的另一来源。同时排泄物中的粪便和食物残渣分解也将产生大量的氨。在封闭的水体内，一旦强度投喂，则氨的蓄积并达到危险浓度的速度是极快的，如果不及时针对处理，则会在数天内将全池黄鳝毙命。

测定指标显示：氨的浓度在 0.01～0.02 毫克/升时，易破坏鱼鳃黏膜，抑制生长；浓度在 0.02～0.05 毫克/升时，会使皮肤黏膜、肠黏膜和内脏器官出血；浓度在 0.5 毫克/升时，会出血死亡。

(7) 亚硝态氮（NO_2^-） 水中无机氮主要以铵态氮（NH_4^+）、亚硝态氮（NO_2^-）、硝态氮（NO_3^-）和溶解氮气（N_2）形式存在。除某些固氮蓝藻外，水生植物只能利用前 3 种形式氮；而亚硝酸盐一般仅在低浓度时才可为某些藻类所利用，因此作为光合作用氮源的主要是铵态氮和硝酸盐氮。当这两种氮同时存在时，藻类首先利用铵态氮，一般是铵态氮被吸收尽以后，才利用硝酸盐氮。

亚硝态氮是氨在硝化过程中的中间产物，是诱发鱼病的重要因素。其主要是通过破坏血红蛋白，将亚铁血红蛋白转变成亚硝基血红蛋白，失去携带氧的功能，进而危害鱼类。测定指标显示：亚硝态氮浓度在 0.1 毫克/升时，鱼类的血液载氧能力逐渐失去而产生慢性中毒，表现为呼吸困难，蹿游不安；浓度达到 0.5 毫克/升时，代谢功能失常，全池暴发疾病，出现陆续死鱼。

(三) 人为因素

在养殖过程中，因管理不善或操作不当等人为因素的作用，均有损于水产动物机体的健康，导致疾病的发生和流行，甚至引起死亡。

(1) **放养密度不当**　放养密度过大，必然要增加投饵量，残剩饵料和大量粪便分解以及高密度水产动物呼吸都耗氧，极易造成水体缺氧。在低氧环境下，饵料消化吸收率降低，饵料利用率下降，未消化完全的饵料随粪便排入水中，致使溶氧量进一步降低，水质进一步恶化，为疾病的流行创造了条件。

一般养殖户在养殖黄鳝时，其最高产量控制在 8 千克/米² 以内为宜。水源条件好，技术水平高的养殖户，产量最好也不要超过 10 千克/米²，因为在超高密度的饲养条件下，水质恶化快，黄鳝互相缠绕及扎堆现象普遍，稍微处理得不好，极有诱发疾病的可能。收购黄鳝来进行养殖，一般当年增重倍数为 1.5 倍。若当年 4 月开始投放养殖，则投放以 1.5～2.5 千克/米² 为宜，而开始养殖时间越晚，则投苗数量可适度增加，但最好不要超出 4 千克/米²。初养者其放养密度还应再低一些，以确保养鳝顺利。

(2) **饲养管理不当**　饵料是水产动物生活、生长所必需的营养，不论是人工配合饲料，还是天然饵料都应保证一定的数量，充分供给，否则水产动物正常的生理机能活动就会因能量不够而不能维持，生长停滞，产生萎瘪病。投喂不清洁或变质的饵料，容易引起肠炎、肝坏死等疾病。投喂带有寄生虫卵的饵料，容易使水产动物患寄生虫病。投喂营养价值不高的饵料，使水产动物因营养不全而产生营养缺乏病，机体瘦弱，抗病力低。黄鳝的投喂应根据"四定"的原则进行。

（3）**机械损伤**　在养殖、分箱、储存和运输过程中，常因操作不当或使用工具不适宜，给水产养殖动物造成不同程度的损伤，如黏液脱落、皮肤擦伤和骨骼受损等，水体中的细菌、霉菌或寄生虫等病原乘虚而入，引起疾病。黄鳝本身是一种抗病力很强的鱼类，但在人工收购暂养野生黄鳝的实践中，由于缺乏相应的操作技术，故往往表现为容易发病，难以养殖。任何动物都有其特殊的生物学特性，只要我们注意黄鳝的有关生理特点，营造相应的环境，即可大幅度减少甚至避免黄鳝发病。

二、黄鳝病害防治的基本原则

黄鳝在天然水域中生病较少，随着人工饲养，密度加大，病害较多。常见的有饲养早期，鳝种因捕捉运输体表受伤，易感染生病；饲养中间，因水质恶化或养殖密度过大易发病；外购和野外捕捉的鳝种体内大多有寄生虫或在养殖中感染寄生虫，之后发病。因此，在鳝种放养和养殖过程中，应采取药液浸泡或药液遍洒水体消毒，药饵驱虫等措施，坚持以防为主，以治为辅的防治方针。

（一）生态预防

鳝病预防宜以生态预防为主，措施如下。

（1）**保持良好的空间环境**　养鳝场建造合理，满足黄鳝喜暗、喜静和喜温暖的生态习性要求。

（2）**加强水质、水温管理**　日常管理中做好环境的改善工作，为黄鳝创造良好的生活环境。在饲养过程中，池水水质过肥、过瘦都会导致黄鳝患病。因而，平时一定要认真观察水质变化，及时采取培肥、加水和换水等有效措施进行调节。水温高于 30 ℃时，应采取加注新水、搭建遮阳棚、提高凤眼莲的覆盖面积或减少黄鳝密度等防暑措施；水温低于 15 ℃时，应采取提高水位，搭建塑料棚或放干池水后在泥土上铺盖稻草等防寒措施。

(3) **种植水草** 在鳝池中种植挺水性植物或凤眼莲、喜旱莲子草等漂浮性植物，在池边种植一些攀缘性植物。水草不仅能起到防暑御寒的作用，而且还可以为黄鳝提供隐蔽场所，有明显的净化改良水质的作用，可有效降低黄鳝的发病率。

(4) **混养泥鳅** 在池中搭配放养少量泥鳅以活跃水体。同时，每口池中放入数只蟾蜍，以其分泌物预防鳝病。

(二) 药物预防

(1) **鳝种消毒** 放养前鳝种应进行消毒，一般可选用以下消毒剂：食盐，浓度为 1.5%～2.0%，浸浴 5～8 分钟；聚维酮碘（含有效碘 10%），浓度为 5～10 毫克/升，浸浴 10～20 分钟；四烷基季铵盐络合碘（季铵盐含量 50%），浓度为 0.1～0.2 毫克/升，浸浴 10～20 分钟。

(2) **环境消毒** 周边环境用漂白粉喷洒；土池和有土水泥池在放养前 10～15 天用生石灰 150～200 克/米³ 消毒，再注入新水；无土水泥池在放养前 15 天用生石灰 75～100 克/米³ 消毒，或用漂白粉（含有效氯 28%）10～15 克/米³，全池泼洒消毒；网箱在放养前 15 天用 20 毫克/升高锰酸钾浸泡 15～20 分钟。

(3) **定期消毒** 饲养期间每 10 天用漂白粉（含有效氯 28%）1～2 毫克/升全池遍洒，或生石灰 30～40 毫克/升化浆后全池遍洒，两者交替使用。

(4) **饵料消毒** 动物性饵料在投喂前应洗净后在沸水中放置3～5 分钟，或用高锰酸钾 20 毫克/升浸泡 15～20 分钟，或 5% 食盐浸泡 5～10 分钟，再用淡水漂洗后投喂。

(5) **食台、工具消毒** 养鳝生产中所用的食台、工具应定期消毒，每周 2～3 次。用于消毒的药物有高锰酸钾 100 毫克/升，浸洗30 分钟；5% 食盐，浸洗 30 分钟；5% 漂白粉，浸洗 20 分钟。发病池的用具应单独使用，或经严格消毒后再使用。

（三）病鳝隔离

在养殖过程中，应加强巡池，一旦发现病鳝，应及时隔离饲养，并用药物处理。当连片鳝池的某一个池子发生传染病时，一定要做好"封池"隔离工作，对在该鳝池用过的网具等，要经过彻底消毒后，才能再在其他池中使用。死鳝要挖坑埋好，切勿乱丢，同时应避免该池水流入其他鳝池，以防传播蔓延。

三、常见鳝病的防治

黄鳝疾病主要是由微生物、寄生虫和非寄生性生物敌害及非生物敌害所引起的，现将其病原、症状和防治方法分述如下。

（一）细菌性疾病

1. 出血病

（1）**病因** 出血病的外在因素包括嗜水气单胞菌、苏伯利气单胞菌、非霍乱弧菌、鲁氏耶尔森氏菌、点状产气单胞菌侵入鳝体，它们是普遍存在于自然水体的菌群，是条件致病菌。当水质恶化、气温突变，水体氨氮、亚硝酸盐、硫化氢含量增高时，就会刺激它们迅速增殖，感染能力增强，毒力加强。内在因素包括：①黄鳝肝肾功能下降，导致免疫力下降。由于长期高蛋白质、高脂肪饲料的大量投喂，加重了肝肾负担；水体氨氮、亚硝酸盐、硫化氢含量过高，透过皮层进入血液，对肝肾造成毒害；饲料添加剂超量添加等原因造成黄鳝肝肾功能下降。②不合理的内服驱虫药、抗生素，导致鳝体内菌群生态环境失衡，抗原减少。如长期内服肠炎平、大蒜素、青霉素等。③饲料营养失衡，维生素缺乏和失衡，特别是维生素 K 缺乏，导致血管壁变脆变薄。

（2）**症状** 黄鳝体表可见血红色斑点或呈弥漫性出血斑块（彩图 10）。肠炎型出血病，可见肛门红肿、外翻。手握鳝体稍用力向头部推，部分可见鳃腔出血，剖检可见肝肿胀、颜色变深或变淡。肾上有出血点。肠充血，变成淡红色。腹腔内壁肌肉充血。黄鳝上草，2 天内死亡。

（3）**防治方法**　黄鳝的出血病来势凶猛，发病率较高，重在预防，主要的防治方法有以下几种：①池塘放养鳝种前，采用50～100毫克/升生石灰彻底清塘消毒，至少 7 天后放入鳝种。②投放鳝种时，采用 5～10 毫克/升聚维酮碘溶液浸洗鳝种 5～10 分钟。③发病季节，采用 10～30 毫克/升生石灰或 0.4～0.5 毫克/升二氧化氯交叉消毒水体，每半个月使用 1 次，有一定的预防效果；同时，改善水质，保证水质"嫩、活、爽"，使水体有足够的自净能力和产氧能力，降低氨氮、亚硝酸盐、硫化氢等有毒物质的含量。④采用烟叶治疗，每 667 米^2、水深 30 厘米的鳝池，用 250 克烟叶温水浸泡5～8小时后，全池泼洒，有一定的治疗效果。

2. 肠炎病

（1）**病原**　肠炎病又称为乌头瘟，是在黄鳝吃多了腐败变质的饵料或过分饥饿时，由感染肠型点状产气单胞菌引起的疾病。池底淤泥中常有大量菌体存在，在健康鳝体肠中也是一种常见菌。当鳝体处在良好状态下，体质健康时并不发病；环境恶化，鳝体健康水平下降，抵抗力低下时，该菌在肠内大量繁殖，导致疾病暴发。环境条件恶化是综合性的，如水质恶化、溶氧量低、饵料变质、摄食不均等很多方面，都可引起此病发生。病原随病鳝及带菌的粪便排入水中，污染水质和饵料，经摄食而感染。此病夏季发生，流行时间在每年 4—7 月。

（2）**症状**　该病的主要症状表现在 3 个方面：①肛门红肿，正常黄鳝肛门颜色呈灰色，但发病黄鳝肛门的颜色从初期的淡红色发展到紫红色，此时肛门外翻。当肛门紫红和外翻时，病情已相当严重，很快会死亡（彩图 11）。②鳃部出血，提起病鳝尾部，可见口内流出血水。③头部伸出水面呼吸，头部发黑，腹部出现红斑，严重时腹部朝上。发病早期，剖开肠管时可见局部充血发炎，肠内没有食物，或者只在后段有食物，肠内黏液较多。发病后期可见全部肠道呈红色，肠壁的弹性差，肠内没有食物，只有淡黄色黏液，肛门红肿突出，轻压腹部有血水或黄色黏液流出，肠内无食，局部或全肠及肝部充血发炎。患病严重时腹部膨大，如将病鳝的头提起，即有黄色黏液从肛门流出，很快就会死亡，死亡率甚高。全国都有流行，是危害严重的疾病之一。

（3）**防治方法** ①加强饲养管理，坚持"四定"投饵，不投腐败变质的饵料，要经常将残渣捞出，保持水质清新。②发病季节，采用 10～30 毫克/升生石灰或 0.4～0.5 毫克/升二氧化氯交叉消毒水体，每半个月使用 1 次，有一定的预防效果。③每 100 千克黄鳝用辣蓼 5 千克、薄荷叶 3 千克，熬水全池泼洒，15 天后重复 1 次。④治疗需内服与外用药物相结合，每 100 千克饵料添加"肠炎灵" 0.5～1.0 千克或氟哌酸 16～24 克、恩诺沙星 20～24 克，同时采用二氧化氯按 0.4 毫克/升全池泼洒。⑤采用去皮大蒜捣烂、大黄、食盐（1∶1∶1）混合，按每 500 千克鱼使用 1.5 千克拌料投喂，每天 1 次，连用 7 天。

3. 腐皮病

（1）**病原** 腐皮病又名梅花斑病、打印病，是一种细菌性鱼病，由点状产气单胞菌感染而引起的细菌性皮肤疾病。由于黄鳝在运输、捕捞过程中导致黄鳝体表黏液脱落、损伤，细菌感染所致。其病程较长，不会引起大批死亡，但影响鳝体生长及商品价值，也影响亲鳝的催产和产卵。一年四季都有发生，以 5—6 月最为常见。全国各地都有流行。

（2）**症状** 初期体表出现黄豆或蚕豆大小的红斑，继而发展成溃疡，边缘充血发红，形状像打了一个深深的红色印花（梅花斑）。病情严重时表皮腐烂成漏斗状，露出骨骼和内脏，使病鱼无力钻入洞穴栖息，最后死亡（彩图 12）。

（3）**防治方法** ①鳝苗放养前池水用 50～100 毫克/升生石灰消毒，7 天后放入鳝苗。②放养鳝种时，一定要注意保护鳝体，不要使鳝体受伤，鳝体用 3% 食盐水或 5～10 毫克/升聚维酮碘溶液浸洗 3～10 分钟。发病季节适时注入新水，保持水质清新，并且每隔半个月左右，用 20 毫克/升的生石灰溶液消毒池水。③池内放养几只蟾蜍，黄鳝患病时，可取 1～2 只剖开（连皮），用绳系好在池内拖几遍。蟾蜍身体上产生蟾蜍分泌物具有防治腐皮病的功能，1～2天即可除病。④用五倍子汁液全池泼洒，使池水中五倍子药液浓度为2毫克/升。⑤每50千克黄鳝用磺胺二甲嘧啶0.5克与饵料拌匀投喂，每天1次，3～7天为一个疗程。

4. 烂尾病

（1）**病原**　烂尾病是黄鳝尾部感染产气单孢菌而引起的，该菌为条件致病菌。

（2）**症状**　黄鳝在密集养殖池和运输途中容易发生，病鳝尾部充血发炎，继而肌肉坏死腐烂，以致尾部骨肉烂掉，尾脊椎骨外露，严重影响黄鳝的生长。烂尾病不会致黄鳝死亡，但易并发其他细菌性疾病。病鱼通常反应迟钝，头伸出水面，严重时尾部烂掉，尾椎骨外露，丧失活动能力而死亡。

（3）**防治方法**　①在运输过程中，防止机械损伤。②放养密度不宜过大。③改善水质与环境卫生条件，避免细菌大量繁殖，可以减少此病的发生与危害。④采用0.4～0.5毫克/升二氧化氯或1毫克/升聚维酮碘全池泼洒，有一定的治疗效果。

（二）真菌性疾病

主要是水霉病，又称肤霉病、白毛病。

（1）**病原**　水霉病是水霉菌感染所致。该病为条件性致病菌，凡受伤的黄鳝均能感染，未受伤者，此菌则不能侵入。此病是黄鳝受到机械损伤或相互咬伤及致害生物侵袭致伤时，伤口被水霉菌感染所致。水霉菌在黄鳝尸体上繁殖得特别快，是腐生性的，对鳝体是继发性感染。菌体呈丝状，一端像根一样附着在鳝体的受伤处。分枝多而纤细，可深入至损伤、坏死的皮肤和肌肉下面，称为内菌丝，具有吸收营养的功能；伸出体外的部分称外菌丝，较粗，分枝较少，长可达数厘米，形成肉眼能看得到的灰白色棉絮状物。

（2）**症状**　水霉菌最初寄生时，肉眼看不出病鱼有什么异常，当肉眼看到时，菌丝已在鱼体伤口侵入，并向内外生长，向外生长的菌丝似灰白色棉絮状，故又称白毛病。病鱼焦躁不安，常出现与其他固体摩擦现象，以后患处肌肉腐烂，病鱼食欲减退，行动迟缓，极度消瘦，最终死亡。如果正在孵化中的受精卵受到感染，严重时就会终止胚胎发育，使孵化中途停止。春、秋季节水温在13～18℃时流行此病，不分地区，危害极大。

（3）**防治方法** ①消除池内的腐败有机物，并用生石灰或漂白粉消毒。生石灰的浓度为100～150毫克/升，漂白粉为10～15毫克/升，7天后可放入黄鳝。②放养、捕捞时，操作要小心，尽量避免鳝体受伤，黄鳝下池前用3‰的食盐水或10毫克/升聚维酮碘溶液浸洗3～10分钟。③鳝种投放后发生水霉病，采用0.04%食盐水和0.04%碳酸氢钠溶液混合剂全池泼洒，效果较好。④每立方米水体用聚维酮碘水20克，碳酸氢钠35克，配成合剂，全池泼洒1～2次。⑤苦参溶液全池泼洒。每立方米水体用苦参溶液0.375毫升全池泼洒，连用2天。⑥二氧化氯与硫醚沙星组合用药：第一天全池泼洒，每立方米水体用二氧化氯（8%）0.3～0.5克全池泼洒，翌日再用硫醚沙星0.15～0.37克/米^3，全池均匀泼洒1次即可。

（三）寄生虫病

1. 毛细线虫病

（1）**病原** 毛细线虫病是由毛细线虫寄生在黄鳝肠道后半部所引起的疾病。毛细线虫属蠕虫类，毛细科，虫体细长如纤维，前端尖细，后端稍粗大，体表光滑，虫体2～10毫米，雌体大于雄体。卵随寄主粪便排入水中，幼虫在卵壳内发育，鱼吞食含有幼虫的卵而感染。主要危害青鱼、草鱼、鲢、鳙及黄鳝的当年鱼种。发病于每年7月中旬，常由于换水不及时或不彻底而感染。

（2）**症状** 毛细线虫寄生在肠壁黏膜层，破坏肠道黏液组织，有时包裹在肠壁黏膜内成肉裹状，使肠中其他致病菌侵入肠壁，引起发炎（彩图13）。若寄生量过大，寄生虫充满整个肠道，则引起病鳝离穴分散池边，鳝体消瘦而死亡。

（3）**防治方法** ①用生石灰清塘，可杀死病菌及虫卵。②发病后，可按 100 千克黄鳝用 5 克"蠕虫净"（主要成分为阿苯达唑）拌入蚯蚓肉、河蚌肉及人工配合饲料内投喂，连续投喂 5 天有效。③用贯众、荆芥、苏梗、苦楝根皮等中草药合剂，按 50 千克黄鳝用药总量 290 克（比例为 16∶5∶3∶5）加入总药量 3 倍的水煎至原水量的 1/2，倒出药汁，再按上述方法加水煎第二次，将 2 次药汁拌入饵料投喂，连喂 6 天。④病鳝池用 90% 晶体敌百虫 0.2～0.5 克/米³ 全池泼洒。每 50 克黄鳝用 90% 晶体敌百虫 5.0～7.5 克拌饵料投喂，连喂 5～7 天。

2. 锥体虫病

（1）**病原** 锥体虫病是由锥体虫寄生在黄鳝血液中而引起的疾病。锥体虫属锥体虫科，寄生在黄鳝的血液中，以纵二分裂法进行繁殖。全国各地都有发生。锥体虫的寄生一般与水域中存在蛭类（蚂蟥）有关，蛭是锥体虫的中间寄主。水蛭吸鳝血时，锥体虫随鳝血到达蛭的消化道，并大量繁殖，逐渐向前移至吻端，当蛭再吸食黄鳝血时，就将锥体虫传到鳝体，进入血液之中。流行季节在每年的 6—8 月。

（2）**症状** 黄鳝感染锥体虫后，大多数呈贫血状，鳝体消瘦，生长缓慢。

（3）**防治方法** ①由于蚂蟥是锥体虫的中间宿主，在放鳝种时，要用生石灰彻底清池，杀死蚂蟥。②用 2‰～3‰ 的食盐水，浸洗病鳝 5～10 分钟。③用 0.5 毫克/升硫酸铜和 0.2 毫克/升硫酸亚铁合剂，浸洗病鳝 5 分钟左右，效果较好。

3. 隐鞭虫病

（1）**病原** 隐鞭虫病是由隐鞭虫寄生在黄鳝血液中而引起的疾病。隐鞭虫属于原生动物，虫体呈柳叶状，7～10 微米长，虫体前端有两根鞭毛。一根倾向前方，称前鞭毛；另一根贴在虫体体表的一段和虫体面构成一条比较明显的狭长波动膜。活的虫体在血液中颤动，但很少迁移。隐鞭虫可以离开寄主，在水中生存 1～2 天，可进入另一寄主——蛭（蚂蟥）体内，当蛭吸附在黄鳝身上吸血时，将隐鞭虫传入黄鳝体内而感染。全年可感染。

(2) **症状** 隐鞭虫可寄生在黄鳝不同的部位，活的隐鞭虫在血液中颤动，但很少移动。被隐鞭虫寄生的黄鳝明显发生贫血，吃食减少，病体消瘦，游动缓慢，呼吸困难，大量寄生于血液中会引起黄鳝昏睡而死亡。一般感染率较低，危害不大。用吸管从黄鳝的入鳃动脉吸取血液放在显微镜下检查，可发现虫体，从而确诊此病。

(3) **防治方法** ①每立方米水体用 0.7 克硫酸铜，溶化后，浸洗病鳝 5 分钟左右，效果较好。②用 2‰～3‰食盐水，浸洗病鳝 5～10 分钟，具有一定的疗效。③池水消毒：用硫酸铜和硫酸亚铁合剂（5∶2）全池泼洒，使池水达到 0.7 毫克/升的浓度。

4. 棘头虫病

(1) **病原** 棘头虫病由棘头虫寄生在黄鳝前段肠内而致病。棘头虫属蠕虫类，虫体呈圆筒形或纺锤形，前部膨大，吻小，体有皱褶，呈乳白色，雌雄异体。棘头虫的生活史要通过中间寄主，中间寄主通常是软体动物、甲壳类和昆虫。成熟的虫卵随终寄主粪便排出，被中间寄主吞食后，卵中的胚胎幼虫出壳穿过肠壁到体腔内继续发育。当感染了幼虫的中间寄主被终寄主吞食后，幼虫在终寄主体内发育成成虫。鱼类则为棘头虫的终寄主。

(2) **症状** 棘头虫以其吻钻进寄主肠黏膜，用吻部牢固地钻在黄鳝肠黏膜内吸取营养，引起黄鳝肠道充血发炎。轻者鳝体发黑，肠道充血，呈慢性炎症；重者可造成肠穿孔或肠管被堵塞（彩图14）。鳝体消瘦，有时还可引起贫血，甚至死亡。

(3) **防治方法** ①用 20 毫克/升的生石灰水清塘或将鳝池水放干后，经太阳曝晒，以彻底杀死中间寄主。②可按 100 千克黄鳝用 5 克"蠕虫净"拌入蚯蚓肉、河蚌肉及配合饲料内投喂，连续投喂 3 天有效。③采用贯众、荆芥、苏梗、苦楝根皮等中草药合剂，按 50 千克黄鳝用药总量 290 克（比例16∶5∶3∶5）加入相当于总药量 3 倍的水煎至原水量的 1/2，倒出药汁再按上述方法加水煎第二次，将两次药汁拌入饵料投喂，连喂 6 天。

5. 蛭病

（1）**病原** 蚂蟥又称蛭，在自然界中有两类蚂蟥是鱼类的寄生虫：一种称为颈蛭，常寄生在鲤、鲫鳃上；另一种称为尺蠖鱼蛭，主要寄生在鲤、鲫和黄鳝的皮肤上，此种蛭大多寄生在个体较大的寄主的头部。由于蚂蟥吸附在黄鳝体表，消耗黄鳝血液营养，病灶处表皮组织受伤，易引起细菌感染，还会带入多种寄生虫（蛭类是多种寄生虫的中间寄主），导致多种疾病的发生。

（2）**症状** 由于尺蠖鱼蛭牢固吸附于黄鳝活动皮肤上，以吸取黄鳝血液为营养，而且破坏被寄生处的表皮组织，引起细菌感染，黄鳝在泥中钻动也不能使之脱落（彩图15）。病鳝表现活动迟钝，食欲减退，影响生长。如果水蛭寄生过多时，会造成黄鳝死亡。在蛭病发生的养殖池中，常发现黄鳝死亡。当黄鳝死亡后鱼蛭就自行脱落，另找新的寄主。

（3）**防治方法** ①取干枯的丝瓜，浸湿猪鲜血后，放入患病的鳝池中，待1～2小时取出丝瓜，即可以将水蛭捕捉。②用生石灰彻底清塘，杀死蛭类。③用2%～3%的食盐水，浸洗病鳝5～10分钟，有一定的治疗效果。

6. 黑点病

（1）**病原** 黑点病是复口吸虫（基双穴吸虫）的囊蚴寄生在黄鳝皮下组织而引起的。此虫属于蠕虫类，双穴科。成虫虫体分前、后两部分，前部叶状较大，后部有黏附器。成虫寄生在苍鹭和翠鸟等吃鱼鸟类的肠道中。第一中间寄主是椎实螺；第二中间寄主是鱼类。一年四季均可发生此病，在夏季发生较多。

（2）**症状** 发病初期，黄鳝尾部出现黑色小圆点，手摸有异样感，随后小圆点颜色加深变大，隆起而形成黑色小结节。这是由于虫体胞囊壁上被黑色素包围的结果，手摸上去有粗糙感，又有黑点病之称。有的黑色小结节进入皮下，并蔓延至身体多处，有时会引起鳝体变形、脊椎骨弯曲等症状，病鳝贫血，血色素和血细胞减少，严重感染时，生长停止，萎瘪消瘦而死。

（3）**防治方法** ①用生石灰彻底清塘消毒。②用0.7毫克/升硫酸铜溶液全池泼洒，消灭中间宿主椎实螺。③用0.7毫克/升的氯化铜全池遍洒。

7. 航尾吸虫病

（1）**病原** 航尾吸虫病是由鳗鲡航尾吸虫寄生在黄鳝胃中所引起。虫体体表光滑，圆柱形，背腹部稍扁平，淡红色。

（2）**症状** 感染后鳝体消瘦，生长缓慢，解剖检查，可见胃中有很多虫体，使胃充血发炎。

（3）**防治方法** ①用生石灰或漂白粉清塘。②每100千克黄鳝用5克"蠕虫净"拌饵投喂，连喂3天。

（四）非生物因素病害

1. 感冒

（1）**病因** 黄鳝是变温动物，体温随水温的高低而升降。水温剧变，温差悬殊会使黄鳝患感冒。由于水温骤变超过5℃，使正常的生理状况跟不上体外温度的变化，黄鳝身体皮层渗透不平衡和体液代谢受抑制，体温调节通路闭塞。当天气突然变化或在运输途中换水温差过大，或注入池塘新水时使池内水温变化过大，均能引起感冒。

（2）**症状** 皮肤失去原有光泽，并有大量黏液分泌。黄鳝生理机能紊乱，因不能适应水温而得病甚至死亡。

（3）**防治方法** ①加强水温、水质控制，换水时水温温差不超过5℃。换水时，水应先冲入池中的缓冲坑中，并以细流注入，所换新水，每次不超过全池老水的1/3。②长途运输中换水，温差不得超过2℃，若无适宜水源，可局部淋水徐徐加入。③水温过低的井水不能直接用来养鳝。在灌注新水时，特别是灌注井水或泉水时，应将水先注入蓄水池中曝晒，待温度升高或通过较长的地面渠道后，再流入池中。否则，过多的低温水流入池中，会引起池中水温急骤下降，致使黄鳝严重"感冒"而大批死亡。④秋末冬初，水温下降至12℃左右时，黄鳝开始入穴越冬，这时，要排出池水，保持池土湿润，并在池土上面覆盖一层稻草或麦秸，以免池水冰冻，冻伤黄鳝。

2. 萎瘪病

（1）**病因** 放养密度过大，饵料不足，小黄鳝受到大黄鳝的压制，长期处于饥饿状态，鳝体萎缩。

（2）**症状** 病鳝身体明显消瘦、干瘪，头大身细，尾如线状，脊背薄如刀刃，体色发黑，往往沿池边迟钝地单独游动，严重的丧失摄食能力，不久便会死亡。

（3）**防治方法** ①主要措施是解决池中饵料不足问题，并适当控制鳝种的放养密度和规格，加强饲养管理，做到定时、定量、定质、定位投饵，保证鳝种有足够的饵料。②发病早期及时增加新鲜饵料，如蚯蚓、蛆等。③严格进行分级饲养。

3. 发烧

（1）**病因** 引起黄鳝发烧的原因很多，主要是因投放鳝种密度过大，使鳝体表皮分泌的黏液在水中积累多，池内聚集发酵，加速水体中微生物发酵分解，消耗了水中大量氧气，并释放大量热量而使水温上升到40℃以上。另外，饵料过多，也会发酵而释放出大量的热量。在暂养和运输中经常发生发烧病症。

（2）**症状** 病鳝发病初期食少或不食，常浮出水面或匍匐于水草上。随着病情的加重，口张开，呼吸频率加快，肌肉僵硬紧张，全身痉挛，在水中呈S形或头尾相接状旋转挣扎，尾部极度上翘。严重时，病鳝呈360°旋转、扭曲、挣扎，无力地沉入水底，3～5分钟后又急剧旋转扭曲至水表，如此往复，不久死亡。大多数死鳝呈"之"字形扭曲状。一般发病鳝在5～10天死亡，死亡率有时可达90%。目检发现病鳝从吻端至眼睛发黄，黑色素减少。眼至鳃盖后缘发黑，黑色素加深，黄黑对比分明，头部肿大并充血，全身有出血点，腹部尤为明显。肛门红肿甚至呈紫色。烂尾或呈白尾。解剖检查发现肠胃内无食物。

（3）**防治方法** ①在放养鳝种前，一定要用生石灰清池消毒。②在运输前先经蓄养，勤换水，使黄鳝体表泥沙及肠内容物除净，气温23～30℃的情况下，每隔6～8小时彻底换水1次，或者每隔

24 小时向水中投放 1 次青霉素，每 25 升水放 30 万国际单位，能得到较好的效果。③放养密度要适当，夏季要定期换注新水或在池内种植一些水生植物，如水花生、水葫芦等，可降低水温。④在发病流行季节，经常加注新水，改善水质。⑤及时清除剩饵，可在池中加少量泥鳅，吃掉剩饵，并通过泥鳅上下穿游，对防止黄鳝互相缠绕有一定的作用。

4. 疯狂病

（1）**病因** 黄鳝疯狂病也称痉挛症、神经紊乱症、旋转病等。目前有人认为是较轻度的"发烧"后遗症，也有人认为是体内寄生线虫所致。该病曾经被称为是不治之症，在多年的养鳝实践中，对黄鳝的威胁较大。

（2）**症状** 病鳝一般不开口吃料，时常会有病鳝在池内或网箱中呈箭状快速游动，或缠绕在水草上，口张开，全身发抖。水清时可见病鳝呈 S 状或 O 状旋转挣扎。捉起病鳝，在手中可明显感到其身体僵硬，体表黏液少或没有黏液，无明显外伤或溃烂（彩图16）。发病初期，敲打网箱或鳝池水草可见黄鳝在水草中惊蹿。该病主要出现于鳝苗入箱 1 周后，常有批量发病，10～12 天后开始死亡，直至发病鳝死尽为止，1 个月后死亡结束。

（3）**防治方法** 该病目前尚无有效治疗办法，但如严格按照苗种采集技术采集苗种、运输苗种，实施日常管理措施，可杜绝此病的发生。

5. 缺氧症

（1）**病因** 缺氧症由于鳝池内水体温度较高，各种理化反应加剧而没有及时处理，使水体溶解氧下降，造成缺氧。

（2）**症状** 黄鳝无法抬头呼吸空气，使机体呼吸功能紊乱，血液载氧能力剧减而导致头脑缺氧。病鳝表现为频繁探头于洞外甚至长时间不进洞穴，头颈部发生痉挛性颤抖，一般 3～7 天陆续死亡。

（3）**防治方法** ①严格进行水质测控管理，保持水体的综合缓冲能力。及时采取增氧、降温等措施，预防疾病发生。②发病后要立即换水，同时进行水体增氧。及时捞出麻痹瘫软的病鳝，以减轻水体承载负担。

6. 肝胆综合征

（1）**病因**　人工养殖的黄鳝，长期摄食营养含量过高的配合饲料，或养殖户为追求生长速度，长期过量投喂食物，均可导致黄鳝肝脏和胆囊肿大。患此病的鳝在气温突降或环境温度过低时，会突然停止摄食，甚至大批死亡。此病多发生在秋、冬季，养殖2年的鳝在翌年的5月也有发生。

（2）**症状**　黄鳝肝脏和胆囊肿大（彩图17），部分病鳝会上草，呈昏迷状态。

（3）**防治方法**　科学合理的投喂食物，定期采用中草药制剂进行防治，同时拌混维生素C内服。选用具有解毒护肝，疏肝理气，促进肝细胞再生的中药组成方剂防治肝病。如按饵料量添加0.5％的"三黄粉"（大黄50％、黄柏30％、黄芩20％）、0.05％的多种维生素和0.2％的"鱼肝宝散"，充分混合后投喂，连喂5～7天。

第四章　黄鳝养殖实例和经营案例

第一节　黄鳝苗种繁育实例

湖北省监利县红城乡的农民柳江红，从事黄鳝人工繁育工作有7年多的时间，积累了丰富的经验，现在每年平均人工繁育黄鳝苗种200多万尾（图4-1、彩图18），成为了黄鳝人工繁育项目中的佼佼者。他的成功得益于他坚持不懈、勤奋好学、刻苦钻研的奋斗精神和创新能力。最初，他从小规模繁育试验开始，脚踏实地，一步一个脚印，规模从当初的100口网箱逐步发展为现在的4 000多口繁育网箱，从原来的门外汉，蜕变成了现在的能手，技术逐步成熟和完善，效益也越来越可观。

图4-1　柳江红的鳝种培育箱

从项目的选择、关键技术的咨询和应用以及实践操作中的每个环节，他都经历了不少失败，但最终通过大量的经验总结和积累，都一一解决并逐步完善起来。通过多年的跟踪调查，柳江红取得黄鳝人工苗种繁育的成功，可以归纳为以下几点。

1. 项目选择合理，发展空间极大

黄鳝是我国的主要淡水名优鱼类之一，肉味鲜美，营养价值高，具有健脑、益智、抗衰、治病等药用功能。黄鳝有着广泛的国内、国际消费市场，国内以江浙、上海一带为主，吃黄鳝已成为一种习俗，我国香港、台湾及日本、韩国等地区和国家也十分畅销。但近年野生黄鳝资源日趋减少，不能满足市场需求，近5年市场价格连续上涨，如湖北省黄鳝价格从2008年的平均40元/千克上涨到2013年上半年平均80元/千克以上，上涨了近50％。由于价格高，养殖效益好，使得近年黄鳝养殖发展迅速，尤其是黄鳝资源比较丰富的长江中、下游的湖北、湖南、江西、安徽、江苏等地区的黄鳝养殖发展快。当前我国黄鳝产业出现了良好的发展势头，群众养黄鳝的积极性较高，在一定的范围内形成了黄鳝养殖热潮。据资料显示，2011年全国黄鳝总产量约29.24万吨，湖北省黄鳝产量达12.38万吨，占全国黄鳝产量的42.34％，黄鳝产量居全国第一。

但是，目前养殖所需要黄鳝种苗主要依赖野生种苗，且近几年人工养殖对野生种苗的大量捕捞已造成野生鳝苗资源大幅度减少，在人工繁殖鳝苗规模不能迅速提高的状况下，几年后将会出现无鳝苗可养的地步，黄鳝产业发展会受到严重制约。因此，进行黄鳝人工生态繁育这一项目，具有很强的前瞻性，发展空间极大。

2. 勤奋好学，勇于探索

由于黄鳝人工繁育项目具有较强的理论性和实践性，作为水产养殖基础薄弱的柳江红，决定从事黄鳝人工繁育工作之前，购买了大量的相关书籍进行学习，参加了监利县水产局和监利县科学技术局举办的一些科技下乡活动和水产养殖技术培训活动。只要有学习的机会，他都踊跃的报名参加，不愿放弃每次学习、培训、参观考察的机会。每次都能专心听讲，认真地做好学习笔记。不仅如此，他还从朋友处了解到湖北长江大学有个黄鳝研究所，主要从事黄鳝养殖及繁育方面的研究工作，特别是在黄鳝人工繁育方面处于国内领先水平。因此，他多次从监利前往长江大学黄鳝研究所，向杨代勤教授请教，到该研究所试验基地现场考察和咨询。通过大量理论知识的搜集和黄鳝研究所专家的指导，柳江红于2007年开始了黄鳝人工繁育工作的探索。他从小规模探索技术起步，掌握相关技术后，再逐步扩大规模，有效减少和规避了失败的风险，有力保证了黄鳝人工繁育项目取得成功，获得最大经济效益。

3. 持之以恒，攻坚克难

兴趣是最好的老师，柳江红对黄鳝人工繁育事业的热爱，甚至超过了对家人的关爱，他曾多次因黄鳝繁育事业与家人发生矛盾争执，但都默默地坚持下来。从第一年（2007年）黄鳝人工繁育仅存活1000尾左右苗种，第二年、第三年仍然只有5000尾左右人工苗，第四年、第五年才开始逐步成功，到2013年繁育苗种已达到200万尾。

因此，柳江红进行黄鳝人工苗种繁育的前3年基本上为亏损，毫无利益可言，收获的只是探索出来的一条条宝贵的实践经验。但正是因为他的坚持不懈，同时在长江大学黄鳝研究团队的全力指导下，黄鳝人工繁育工作中的主要生产环节逐一被掌握和完善。首先，黄鳝亲本产前、产中的营养强化培育，雌雄比例的选择以及大小规格的搭配，直接关系到黄鳝亲本的成活率、产卵率；其次，黄鳝仿生态繁育生态环境的模拟状态，包括网箱泥土的深度、泥土的质量、网箱泥土的平整度、水位深浅度、网箱植被状况等，都直接与黄鳝产卵率、苗种孵化率息息相关；再次，黄鳝苗种的开口饵料——水蚯蚓的发现和应用，以及黄鳝苗种的日常管理，包括培育温度、密度、水质及天敌等重要指标和措施，均与黄鳝苗种培育的存活率密切相关；最后，黄鳝苗种的体质、水质环境、网箱植被环境与黄鳝苗种越冬存活率也密切相关。每一个环节都需要通过大量的实践进行探索。

因此，一整套人工繁育黄鳝苗种技术流程必须经过大量的试验和实践经验积累才能得到总结、完善。只有拥有持之以恒、攻坚克难的勇气和精神，具备一定的专业技术指导和一定的专业化管理，过五关、斩六将，攻克一个又一个技术难关，解决一个又一个技术难题，才能真正走向成功。

第二节　黄鳝养殖实例及效益分析

决定养殖最终经济效果的因素主要取决于市场预期和对养殖制约因素的解决程度。市场预期即指市场销量和产品价格。制约因素主要是指苗种数量、养殖成活率、养殖模式以及养殖技术水平等，它们对单位面积的养殖成本、养殖产量和最终养殖经济效益都起着决定性的作用。下面就举几个黄鳝人工养殖实例，并结合养殖实例对其养殖效益做简要分析。

一、湖北省黄鳝养殖实例

（一）湖北省江陵县德高水产养殖专业合作社网箱养鳝实例

1. 养殖情况

位于资市镇的德高水产养殖专业合作社目前主要从事黄鳝的养殖、繁育、销售等工作（图 4-2）。其核心养殖区共有 30 余公顷水面，成鳝池塘共计 11 口，每口池塘 1 公顷左右，其中，作为蓄水用的池塘 2 口，剩余 9 口池塘均架设黄鳝网箱，共计 5 000 口；网箱规格均为 2 米×2 米×1 米，架设标准为每 667 米^2 池塘不超过 40 口网箱，严格执行网箱行距 1 米、列距 2 米的架设标准，网箱架设井然有序（彩图 19）。网箱外池塘水域套养相应的草鱼、鲫、鳙、鲢等鱼类。在日常管理上，该合作社社长邓云楼对工人进行严格的管理和明确的分工，每个工人管理网箱数目一般为 300口，其工资与管理网箱内产量息息相关。成鳝养殖一般在每年 4 月15 日左右，将苗种大小分级后分别投入相应网箱，通过 6 个月的饲喂管理，到 10 月 20 日左右停食，每口网箱可出售成鳝 40 千克以上，且黄鳝越冬成活率高。每年能销售成鳝200吨以上，每年仅成鳝利润达300万元以上。

图4-2　湖北省江陵县德高水产养殖专业合作社

2. 主要经验

德高水产养殖专业合作社黄鳝养殖能取得如此成绩，通过多年的跟踪调查，可以归纳为以下几点经验。

（1）池塘环境好，网箱设计合理

首先，养殖黄鳝池塘大小适中，便于管理。池塘均为新开挖鱼塘，没有太多淤泥沉积，并且每年都进行严格彻底的清塘、晒塘，有效减少了疾病的发生与流行；另外，采用两个池塘专门作为蓄水池塘，充分保证了养殖用水的质量，有了良好的水源，黄鳝养殖成功才会有保障。

其次，网箱严格执行了标准的行距和列距。只有这样，网箱内外的水体才能得到充分地交换与循环，网箱内水质才能得到保证，从而保障了网箱小生态环境的稳定，大大减少了因网箱水质恶化而引发的黄鳝疾病。

最后，池塘严格控制了网箱数量，一般每667米^{2}池塘不超过40口网箱，有效避免了池塘因网箱过多，导致整个池塘负荷太重而引发的灾难性疾病的发生，特别是在养殖过程中，网箱过多非常容易导致水体亚硝酸盐、氨氮严重超标，而引发黄鳝疾病。另外，在网箱外放养少部分鳙、草鱼、鲫等，一方面增加了池塘的经济效益，更重要的是增加了池塘自净能力，不仅有效地调节和控制好池塘水质，而且有效防治了黄鳝疾病的发生，特别是黄鳝的大头病和水蛭病，能得到很好的防治。但是，如果网箱密度过小，则资源浪费性较大，不便于管理，经济效益也较低。因此，一般建议每 667 米^2 池塘架设网箱控制在 40 口左右为宜。

（2）**黄鳝品种选择严格，饵料投喂有技巧** 通过长达 10 多年的养殖经验，当地摸索出了一整套养殖技术管理流程。

首先，黄鳝养殖成功与否，与黄鳝品种的选择息息相关。选择体色好、生长速度快、抗病力强的大黄斑鳝作为养殖的对象为最好，此品种黄鳝多分布于水资源较丰富的地方，如洞庭湖周边水系。

其次，野生黄鳝苗种开口率也是养殖关键点。开口率与黄鳝的发病率及黄鳝产量密切相关。鳝种开口率高，黄鳝养殖后期发病率较低，黄鳝产量相应较高。为此，当地渔民花费近 20 天的时间对黄鳝进行摄食驯化工作，争取做到每口网箱内 90％以上黄鳝均能开口摄食，达到均衡摄食、整体生长的目的。因为市场选购的天然野生鳝种养殖时，入箱后必须进行摄食驯化。摄食驯化包含两个阶段，即开口驯化和转食驯化。首先进行严格的开口驯化工作，鳝种入箱后，第四天傍晚开始喂食，饵料定点放于箱内水草上，投喂量为黄鳝体重的 1％，当投喂量达到鳝种体重的 7％～8％时，开口驯化完成。然后再进行转食驯化工作，开口驯化成功后，在动物性饵料（鲢肉）中加入 5％～10％的配合饲料，待黄鳝适应并完全摄食后，日递增配合饲料 15％～20％，动物性饵料每减少 1 千克，配合饲料添加 0.2 千克代替，直到符合动物性饵料和配合饲料事先确定的配比为止。因此，黄鳝养殖中开口驯化与转食驯化是两项必不可少的精细工作，只有严格执行，才能保证后期养殖的成功。

最后，日常投喂的动物性饵料鱼、全价配合饲料配比要适中。通过多年的摸索试验，选择质量相对稳定，价格较适中的黄鳝配合饲料。将配合饲料与动物性饵料（鲢肉）的比例调整到 1∶1 的比例。因黄鳝摄食配合饲料比例过重，在养殖过程中极易因生长速度过快导致疾病的发生；而完全摄食鲢肉或鲢肉的比例过高，黄鳝的生长速度缓慢，产量低，同时，网箱水质极易恶化变质，引发黄鳝疾病。因此，养殖黄鳝过程中，黄鳝饵料中配合饲料与鲢肉的比例应适中，既要保证黄鳝适当地生长速度，又要保证黄鳝有较高的成活率。具体日投喂量视气温、水温、水质、剩饵、摄食速度等灵活掌握。

（3）日常管理精细化，预防疾病科学化

首先，日常工作必须落到实处。当地通过多年养殖的经验积累，认为一个熟练、负责的养殖工人最多只能管理好 300 口网箱。工人每天下午必须定点、定时投喂饵料，认真观察和仔细了解每口网箱黄鳝驯食、正常摄食等实际情况，掌握黄鳝生长状况；翌日上午必须检查每口网箱残食情况，同时不折不扣地将每口网箱食台上的残渣剩饵清洗干净，否则，极易滋生大量病原微生物和导致网箱水质恶化。如果一个养殖工人管理网箱数目过多，许多重要环节就会被忽视，这样就会大大增加养殖风险。

其次，必须加强越冬管理。养好大规格黄鳝，越冬管理是重点。一是无特殊情况不要翻箱和分箱操作；二是保证水位深度，加厚箱内水草；三是严防偷盗和兽害，黄鼠狼、老鼠特别喜欢蹿到网箱内捕食黄鳝，因此，需要经常检查网箱有无破损，及时完善。

再次，及时分箱，有效提高黄鳝产量。分箱养殖，一方面能够把病弱的鳝苗全部剔除掉，这样可以保证网箱内的黄鳝都很健康。另一方面，能够把大小规格进行分级，保证各有各的规格，分箱养殖。第三方面，就是能够控制网箱里面的数量。分箱时间一般选在 4 月初进行，分箱规格可以分为 3 个等级，一般情况下，黄鳝在 50 克以下的时候，他们每一箱投放量为 10 千克，保证网箱内基本条数在 200 条左右；50 克到 100 克的黄鳝，他们的投放量在 12.5 千克左右，保证网箱内基本条数在 180 条；100 克以上的黄鳝，他们的投放量是在 15 千克左右，保证网箱内基本条数是 150 条。按这样的标准分级之后，就能够到年底的时候，每个网箱都有一个比较好的一个产量，同时规格都比较整齐。分箱的密度是经过严格测算得来的，如果投放量过于少，就会导致整体产出不足，效益太低。

而密度太大，就会导致黄鳝的采食和活动受到影响。

最后，严格做好黄鳝疾病的防治工作。黄鳝在自然界很少生病，但在人工饲养条件下，由于养殖密度高，生态条件发生了改变，特别是养殖初期，黄鳝在恢复体力和适应环境中容易患疾病。因此在管理中，一方面要注意改善池塘和网箱的水体环境，另一方面要注重投喂饵料的适口性。黄鳝养殖疾病的防控只能采取预防为主，治疗为辅的方针。为此，要制订严格的疾病预防的流程和标准。每间隔 15 天对网箱内外都进行水体杀菌消毒的措施，主要以聚维酮碘、戊二醛、一元二氧化氯等常规消毒剂进行交替性、周期性地外用泼洒预防。同时，周期性内服一些中草药、免疫增效剂、维生素 C 等保肝、护胆的一些无公害保健药品，有效增强黄鳝的抗病力，从而有效防止疾病的发生。

只有做到日常管理精细化，鱼病防治科学化，才能有效保证黄鳝养殖的成功。

（二）湖北省监利县黄鳝养殖专业户曾祥民网箱养鳝实例

1. 养殖情况

据湖北省监利县程集镇黄鳝养殖协会介绍，湖北省监利县程集镇黄鳝养殖专业户曾祥民，2002 年利用稻田开挖鱼池 2 口，池塘面积共计 16 675 米^2。从开挖当年至今，一直开展池塘网箱养鳝。2007 年，池塘放养网箱 280 口，年纯收入 8 万元；2008 年，池塘放养网箱 280 口，纯收入达到 12.36 万元，获得了较好的经济效益。现将 2008 年的具体养殖情况介绍如下。

2008 年，两口池塘共放置网箱 280 口，网箱规格为 4.0 米×3.0 米×1.3 米。

3 月 25 日至 4 月 5 日，将 2007 年 100 克以下的预留苗种 900 千克进行分箱，规格 50 克以上的鳝种每口网箱放养 10 千克，共计放箱 60 口；规格 50 克以下的鳝种每口网箱放养 7.5 千克，共计放箱 40 口。

6 月 22 日至 7 月 20 日，先后分 6 批从石首、公安、江陵等周边县市和汪桥、红城、周老等邻近乡镇购种2 050千克，鳝种规格在15～100克/尾，其中40克以上的占到60%。放养时，将鳝种分成小、中、大3种规格，即15～30克、30～50克、50克以上，共计放养网箱180口。其中：小规格每口网箱放10千克，放网箱47口；中规格每口网箱放11千克，放网箱85口；大规格每口网箱放12.5千克，放网箱48口。鳝种入箱时用4%食盐水浸泡5～8分钟。投种后第四天开始投喂，预留苗种分箱后即开始投喂当地蚯蚓加10%～20%的配合饲料；当年收购苗种分箱后，先用当地蚯蚓进行摄食驯化，以逐步增加配合饲料投喂比例。

在整个养殖期间，共投入福建"海马牌"配合饲料6 000千克、鲜鱼21 000千克，蚯蚓8 500千克。年底起捕商品鳝9 760千克，其中：预留苗种收获产量4 560千克，净增3.8倍；当年苗种收获产量6 200千克，净增2.0倍。预留种1 000千克。

开支：①苗种2 950千克（含预留种1 000千克），每千克价42元，共计123 900元；②配合饲料600包，每包78元，计46 800元；③鲢21 000千克，每千克4.4元，计92 400元；④蚯蚓8 500千克，每千克价4.3元，计36 550元；⑤药品8 000元；⑥塘租费8 000元；⑦水电费2 200元；⑧固定资产（含网箱）摊销5 000元；⑨捕捞费用（含生活支出）2 800元；⑩工人工资18 000元。共计33.57万元。

收入：销售黄鳝10 760千克，销售价44元/千克，产值47.34万元。每千克成本31.20元，获纯利13.77万元，每口网箱利润492元，每平方米利润41元。投入产出比1：1.41。

2. 主要经验

(1) 严格池塘消毒　每667米^{2}用75千克生石灰清塘消毒，以杀灭各种病原和寄生虫卵，为黄鳝养殖提供良好的环境条件。

(2) 严格把握进种时间和质量关　进种需要选择当年销售的商品鳝，进种时间在6月20日至7月20日，两年养殖的预留鳝种进种时间选择在8—9月。

进种以大花黄鳝为主，少量青鳝，不饲养灰鳝和丘陵地带的山苗。杜绝进弱苗、病苗和受伤苗。从野外起捕到入箱最好不超过2

小时。

(3) **鳝种消毒**　采用 4% 食盐水浸泡 5～8 分钟，或用"益生100""电解维他"等黄鳝专用保健药物浸泡鳝种。

(4) **水质调控，定期换水**　气温高时，5～10 天换水 1 次，一般 20～30 天换水 1 次，换量不超过 1/3。每个月用光合细菌等生物制剂全池泼洒 1 次，以培育有益生物种群，减少有害种群。每 10 天检测 1 次水体 pH、溶解氧、亚硝酸盐和硫化氢等水质指标。

(5) **病虫害预防**　以防为主，防治结合。每 10 天中投喂 3 天预防肠炎等病害的药物，每 15 天中投喂 4～5 天"保肝利胆"和黄鳝必需的微量元素，每 15 天用降氨解毒药物泼洒网箱 1 次。与水质调控相结合，每月进行 1 次箱内箱外水体消毒。

(6) **严格日常管理**　早晚巡塘，防盗防鼠。8—9 月抽水防暑降温，清除箱内过多水花生和箱底残渣。

(7) **优化养殖模式**　实行三改：由过去的当年鳝种与预留苗种在同一口鱼池混合养殖改为分池专养，方便了管理；由过去 3～4 年清塘晒池 1 次改为两池轮流清塘，以确保能够每 2 年清塘 1 次，大大降低了病虫害的发生；由过去销大留小，并把小规格作为下年的预留苗种，改为 7—8 月进种，统一饲养 2 年，这既缓解了 6—7 月进种高峰时的供求矛盾，又提高了苗种进箱成活率，特别是保证了苗种质量。与此同时，由于翌年 4—6 月就开始投喂，饲养早期还可以利用丰富价廉的蚯蚓，相对后期而言，成本降低，产出提高，大大增加了经济效益。

(三) 湖北省监利县黄鳝养殖专业户刘明英网箱养鳝实例

1. 养殖情况

据湖北省监利县程集镇黄鳝养殖协会介绍，湖北省监利县程集镇黄鳝养殖专业户刘明英，2002 年开挖鱼池 10 005 米²，2007 年，设置规格 4.0 米×3.0 米×1.5 米的养鳝网箱 180 口，年纯收入 10 万元。2008 年设置网箱 180 口，年纯收入 15.86 万元。2008 年具体养殖情况如下。

2008 年，投放上年预留鳝种 770 千克，放养网箱 70 口，平均每口箱投放鳝种 11 千克。投放当年进种 1 375 千克，放养网箱 110 口，平均每口箱投种 12.5 千克。预留种在 4 月上旬分箱，当年种在 6 月 22 日至 7 月 30 日分 5 批从周边县市和乡镇购进。苗种入箱前用 5% 的食盐水浸泡 5～8 分钟。全年共投喂福建"嘉发牌"配合饲料 400 包，鲢 15 750 千克，蚯蚓 6 000 千克。全年共收获黄鳝总产量 7 779.5 千克，其中：2007 年预留种产成鳝 3 792 千克，净增重 4.1 倍；当年种产成鳝 3 987.5 千克，净增 1.9 倍。

各项开支：①苗种 2 145 千克，43 元/千克，计 92 235 元；②配合饲料 400 包，78 元/包，计 31 200 元；③鲢 15 750 千克，4.5 元/千克，计 70 875 元；④蚯蚓 600 千克，4.7 元/千克，计 28 200 元；⑤药品 6 500 元；⑥塘租费 5 000 元；⑦水电费 2 000 元；⑧网箱等设备摊销 7 000 元；⑨销售费用 2 000 元；⑩人员工资 15 000 元，总计 26 万元。

收入：销售成鳝 6 979.5 千克，均价 54 元/千克，收入 37.69 万元；预留种 800 千克，均价 42 元/千克，折合 3.36 万元。总计 41.05 万元。每千克鳝养殖成本 33.42 元，获纯利 15.05 万元。每口网箱纯利润 836 元，每平方米纯利润 70 元。投入产出比 1∶1.63。

2. 主要经验

(1) 把好进种关 6 月 20 日至 7 月 15 日进苗，进苗以本地苗种为主，兼购外地优质苗。进苗前 3 天要求均为晴天多云天气。杜绝弱苗、病伤苗、山区苗和长途运输苗。

(2) 把好水质关 "养鱼先养水"，每个月换水 2～3 次，15 天用改水药物调节池塘水质 1 次。

(3) 把好日常管理关 每天进行 2～3 次查箱巡塘。食台要清理得当，即用水瓢将食台的残饵连带水一道全部清除，直至呈现清水为止。选购优质配合饲料，杜绝腐败变质的饵料。

(4) 把好疾病防治关 至少每 2 年要清塘晒池 1 次，每 15 天网箱用药 1 次，每 30 天箱内外消毒 1 次。注意工具和鱼池周边清洁卫生。

(5) 把好市场销售关 刘明英养鱼不但每年产量高，而且还能卖出好价。他的成鳝一般 70％是在翌年春季销售，比一般春季销售量高出 40％。

（四）湖北省水产技术推广中心养鱼池塘套网箱养鳝实例

1. 养殖情况

2004 年，湖北省水产技术推广中心和湖北省监利县水产局在监利县周城垸进行了养鱼池塘套网箱养殖黄鳝实践。

采用的池塘为池深 3 米，水深 2.0～2.5 米，面积 16 008 米²，套养网箱面积 750 米²（50 口）。2004 年 1 月 5 日至 3 月 3 日，池塘共投放鱼种 2 850 千克，其中草鱼 1 200 千克，鲢 1 100 千克，鳙、青鱼、鳊、高背鲫、黄颡鱼等共 550 千克；7 月 15—18 日，网箱共投放野生鳝种 720 千克。到 12 月 30 日鱼、鳝全部起捕完成，共产成鱼 13 100 千克，其中草鱼 5 350 千克，鲢 6 000 千克，鳙、青鱼、鳊、高背鲫、黄颡鱼等共 1 750 千克；销售收入 42 320 元，生产成本 29 750 元（含承包费用），纯收入 12 570 元，每 667 米² 平均纯收入 524 元。共产黄鳝 2 540 千克，收入 81 320 元，生产投入 47 120 元，纯利润 34 200 元，平均每平方米纯收入 45.6 元。

2. 主要经验

（1）**把好进种关** 进种时间选择在 6 月中旬，这时水温、气温相对稳定。进种时做到无弱苗、无病苗。确保黄鳝品质优良，体质健壮。坚持用 4％食盐水浸泡鳝体 5～10 分钟，以杀灭病原，做到安全入箱。

（2）**把好水质关** 根据不同季节采取不同的方法进行水质调控。高温季节 7～10 天换 1 次水，排出老水，补充新水。此外，还定期用漂白粉、"底净保"和"海中宝"等杀菌消毒，调节水质，确保养鳝池塘的水质始终"肥、活、嫩、爽"，使水体有害化学物质降低到许可浓度范围内。

（3）**把好饲养管理关** 在饲养管理上严格按照"四定""四看"的原则投饵，高温季节在 18：00 以后投喂，防止食物因温度高造成腐败变质，21:00—22:00和清晨对黄鳝的摄食进行检查，灵活掌握用量，不造成饵料的浪费。

（4）**把好食场清洁卫生关** 每天上午对黄鳝的食场进行清理，1周左右用氯杀灵或漂白粉对食场进行消毒，防止病从口入。

（5）**把好疾病防治关** 坚持每个月使用1次鱼虫清对黄鳝肠道寄生虫进行预防；对出现疾病、摄食不正常的网箱，不轻易起捕出售，而是将剩余饵料打捞起来，认真对黄鳝进行检查。找到原因后，对症下药。黄鳝饲养中、后期的摄食量大，肝脏易出现病变，黄鳝有时出现上草现象，要采取减食与拌入保肝、护胆的药物进行治疗，待黄鳝恢复正常后再加大投食量。整个养殖期间，基本没出现大的病害。

3. 效益分析

从以上几个黄鳝养殖实例可以看出，无论采用哪种养殖模式，黄鳝养殖的经济效益都较为可观。下面以池塘网箱养鳝为例，对其养殖效益进行简要分析。

（1）**养殖情况** 池塘放养和收获情况见表4-1和表4-2。

表4-1 池塘网箱养鳝放养情况

养殖户姓名	池塘面积（米²）	网箱面积（米²）	放养时间	放养数量（千克）	放养密度（千克/米²）
曾祥民	16 675	3 360	3月25日至4月5日和6月22日至7月20日	2 950	0.88
刘明英	10 005	2 160	4月上旬和6月22日至7月30日	2 145	0.99

表4-2 池塘网箱黄鳝收获情况

养殖户姓名	总产量（千克）	销售均价（元/千克）	总产值（万元）	均产量（千克/米²）	每平方米产值（元）	每平方米利润（元）
曾祥民	10 760	44.0	47.34	3.20	143	41
刘明英	7 779.5	52.8	41.05	3.60	190	70

(2) 养殖效益分析

①单位面积支出费用。从表4-3和表4-4可以看出，就池塘网箱养鳝而言，在网箱面积约占池塘面积20％的情况下，每千克成鳝的养殖成本在31～34元。其主要支出为苗种和饵料，两项开支占全部支出的85％～89％。其中苗种占35％～37％，饵料占50％～52％。

表4-3 池塘网箱养鳝开支情况

单位：万元

养殖户姓名	曾祥民	刘明英
苗种	12.39	9.22
饵料	17.58	13.03
塘租、水电	1.02	0.70
药品	0.80	0.65
设备摊销	0.50	0.70
人工	2.08	1.70
合计	33.57	26.00

表4-4 池塘网箱养鳝效益对比情况

养殖户姓名	网箱占池塘比例（％）	成本（元/千克）	净增倍数	投入产出比
曾祥民	20.1	31.30	2.65	1∶1.41
刘明英	21.6	33.42	2.18	1∶1.63

②单位面积效益。从表4-2和表4-4可以看出，在正常养殖情况下，池塘网箱养鳝每平方米产量在3.2～3.6千克，净增倍数在2.18～2.65，每平方米养殖效益在140～190元，纯利润在40～70元，投入产出比为1∶（1.4～1.6）。养殖实践还证明，放种规格越大，投喂开食越早，其增重倍数将会更高，如预留种的增重倍数达3.8～4.1倍。若以池塘面积50％来设置网箱，每667米² 池塘

的养鳝效益可达 1.3 万~2.3 万元，相当于池塘养殖普通鱼效益的 7~10 倍。

③ 影响养殖效益的因素主要包括市场行情、苗种价格及苗种成活率。近年来，成鳝销售价格一直处于上升阶段，在湖北地区，2007 年每 0.5 千克池边成交价在 19 元左右；2008 年在 22~26 元；2009 年在 26~28 元。春节前后高的甚至达到 30 元以上。

随着成鳝价格上涨，养殖规模的扩大，近年苗种价格也一直处于上涨状态。现仍以 0.5 千克为单位，2007 年苗种进价一般在 14~16元，2008 年在 17~18 元，2009 年在 18~22 元，2010 年已达到 25~30 元。

在池塘网箱养鳝中，除要掌握一定的养殖技术外，重点是要提高苗种成活率。在正常情况下，苗种开支占养殖成本的 35%~37%，是构成养殖成本的重要方面，它既是养殖成功的物质基础，又是一切成本发生的开端。因此，提高苗种成活率是获得养殖成功，降低养殖成本，取得较好经济效益的关键。

二、江苏省黄鳝养殖实例

据江苏省阜宁县林牧渔业局水产技术指导站周秀珍介绍，江苏省阜宁县沟墩镇养殖户李容胜于 2005 年开展了稻田养鳝，取得成功，其养殖实例详述如下。

1. 养殖情况

江苏省阜宁县沟墩镇林河村李容胜，2005 年在 3 802 米^2 稻田中进行黄鳝养殖，共收获黄鳝 700 千克，纯收入 1.5 万元，取得了较好的经济效益、生态效益和社会效益。

2. 主要经验

(1) 选好场地 选用土质较肥，水源有保证，水质良好，管理方便的稻田养殖黄鳝。稻田的田埂高而牢固，能保水 30 厘米以上。田埂四周用砖砌或用水泥板、聚乙烯网布作为护埂防逃墙，高度 80 厘米左右。进、排水口用混凝土砌好，拦上铁丝网，以防逃逸。在稻田四周和中间均匀开挖"田"字形或"井"字形鱼沟，沟宽

40～50厘米、沟深60～80厘米，面积占稻田面积的15％～20％。

（2）**鳝种选择和放养** 鳝种放养前半个月，每100米²鱼沟用生石灰2千克兑水泼洒消毒，保持水深20～30厘米。鳝种选择本地深黄大斑鳝为主，就近收购，运输时间越短越好。要求鳝种无病无伤、体质健壮、规格相近，以20～30克/尾为好。放养量每667米²放种50千克左右，且一次放足，同时搭配放养少量鲫、泥鳅、青虾等苗种，为黄鳝提供基础饵料。鳝种放养时用3％～5％食盐水或10毫升/米³的福尔马林溶液浸洗消毒，以杀灭体表的病原。

（3）**尽早驯食** 苗种放养20天适应新生活环境后开始驯食。方法是：早期用鲜蚯蚓、黄粉虫、蚕蛹等绞成肉浆按20％的比例均匀掺入甲鱼或鳗鲡饵料中投喂，驯食成功后，逐渐减少动物性饵料的配比。饵料在傍晚投喂，坚持"四定"的原则。当气温低、气压低时少投；天气晴好、气温高时多投，以翌日早晨不留残饵为准，投饵率为黄鳝体重的2％～4％。另外在稻田中装黑光灯或日光灯引诱昆虫供黄鳝摄食。

（4）**选择生长期长、抗病害、抗倒伏的水稻品种** 株行距为5厘米×5厘米，以增加通风、透气效果。水稻移栽前要施足基肥（长效饼肥为主）。防治水稻病虫害时，选择高效低毒或生物农药，喷药时喷头向上对准叶面，并加高水位，用药后及时换水，防止农药对黄鳝产生不良影响。在水质管理上坚持早期浅水位（5～10厘米）、中期深水位（15～30厘米）、后期正常水位，基本符合稻、鳝生长的需要。坚持早、晚巡查，观察生长、防逃设施等情况，及时采取相应措施，注意清除敌害。

（5）**坚持"预防为主、防治结合"的方针** 做好黄鳝常见病的防治。鱼沟定期泼洒生石灰或使用微生物制剂。常见病有发烧病和寄生虫病。如发生发烧病，可按每立方米水体用大蒜10克＋食盐5克＋桑叶15克，捣碎成汁均匀泼洒在鱼沟内，每天2次，连续2～3天。寄生虫引起的疾病主要有毛细线虫和棘头虫等，按每100千克黄鳝用10克90％晶体敌百虫混于饵料中投喂，连喂6天，即可痊愈。

三、安徽省黄鳝养殖实例

（一）安徽省舒城县养殖户池塘网箱养鳝实例

1. 养殖情况

安徽省舒城县春秋乡养殖户李光友，从事黄鳝网箱养殖 4 年，有 2.67 公顷以上的养殖水面，其中用于黄鳝网箱养殖的水面有 1.33 公顷（彩图 20），另有 1.33 公顷养殖鲢、鳙，作为黄鳝新鲜饵料鱼来源。其放养及收获情况见表 4-5。

表 4-5 李光友的放养和收获情况

放养			收获		
时间	规格（克/尾）	箱均投放（尾）	时间	规格（克/尾）	箱产量（千克/只）
2014.06.20	30~50	400	2014.10.10	120	37
2014.08.15	75	200	2014.10.10	80	16

2. 养殖效益分析

根据该县黄鳝养殖户的经验，每 667 米^2 水面网箱设置数量一般在 50 只左右，单箱规格以 1 米×2 米或者 2 米×2 米的居多，网箱太大不便于操作，太小产量低。下面以 2 米×2 米的网箱为例，来举例说明投入产出比。

（1）**每只网箱生产投入** 池塘租金（每 667 米^2 500 元，折合每只网箱租金 10 元)＋苗种费用（每只网箱投苗 10 千克，每千克 70 元，约 700 元）＋饵料成本（用冻蚯蚓 10 千克 90 元，冰鲜鱼 50 千克 250 元，膨化饲料 2 袋 210 元，合计 550 元）＋鱼病防治费（50 元)＋人工、水电等杂费（50 元)＝1 360 元。折合每 667 米^2 投入 68 000 元。

（2）**每只网箱收入** 成鳝销售收入 35 千克×64 元/千克＝2 240 元（按近年市场销售价格商品成鳝在 60~70 元/千克，取中间值 64 元/千克）；折合每 667 米^2 收入 112 000 元。

每箱平均利润（元）＝880 元左右；折合每 667 米^2 利润 44 000 元。

3. 养殖经验与心得

(1) 养殖技术要点

① 网箱制作。材料选择网目大小为 10～36 目的聚乙烯无结节网片，将网片缝制成长方形网箱。网箱规格以 2.0 米×2.0 米×1.5 米为好，网箱上需设置盖网，以防止鸟类捕食黄鳝。

② 网箱设置。采取固定式设置。网箱四角用木桩或毛竹梢固定。网箱上缘高出水面 70～80 厘米，箱体入水 60～70 厘米，箱底距池底 0.5 米。网箱每列相隔 2～4 米，以利于平时投饵管理。网箱在鳝种入箱前 10～15 天下水，以利于网片上形成生物膜，避免网箱刮伤黄鳝引发病害。箱内移入水花生覆盖面积占 80% 左右。

③ 选择体色深黄、体表光滑、无病、无伤、黏液正常、活动力强的优质黄鳝苗种，避免电捕、钓捕、药捕黄鳝。

④ 放苗时间为 6 月底至 7 月上旬，水温稳定 25 ℃以上，规格一致，一次放足。

⑤ 将新鲜小杂鱼搅成鱼糜，与黄鳝专用颗粒饲料拌在一起投喂（图 4-3），每天 09:00、17:00 坚持投喂，上午和下午比例为 3:7。6—9 月，日投饵率为黄鳝体重的 4%～7%，坚持固定投饵，并根据天气、水温变化适当调整。

⑥ 日常管理。包括前期的投饵驯食，饵料投喂要做到"四定"和"四看"。做好水质管理、防逃管理等。巡塘查箱，观察黄鳝活动和天气变化，经常洗刷内箱，保持箱内外水体交换，看箱体有无破损或水老鼠侵害，如有发现及时处理。

(2) 养殖特点

① 把好苗鳝选购的时机。多年经验和教训说明，黄鳝养殖成败的关键在于苗种入箱的时间。早春 4 月，在黄鳝繁殖前期选放苗种，如果晴朗无雨天数长，放苗成活率就高，但是这个时间段，由于幼鳝多数是雌性，已怀卵待产的居多，频繁的选留，外在损伤大，选留的风险也大。优点是一旦入箱成活率高，鳝苗摄食提前，生长周期长，黄鳝增重倍数大，年底黄鳝平均规格大，产量高，效益显著。

图 4-3　黄鳝投喂

该县多数养殖户为保险起见，一般投苗时间为 6 月 20 日至 7 月 15 日，这个季节，江淮地区已经出梅，雨水减少，气温回升很快，气温与水温变化小。选择晴好的天气，选择鳝苗，此时雌鳝已经完成排卵，体质恢复很快，苗种质量好、规格整齐，投苗的成活率达 95％以上。

②把好幼鳝开口关。幼鳝能否适应网箱内环境，迅速开口摄食是实现养殖增重的重要因素。根据幼鳝体质和天气情况，一般入箱 2 天后开始驯食，前期以冰冻蚯蚓为主，5 天以后逐步加入冰鲜鱼，10 天左右驯食基本结束。

③定期驱虫。野生黄鳝体内寄生虫发生率较高，一般幼鳝驯食成功进入稳定摄食期后，要驱虫 1 次，内服阿苯达唑或中草药陈皮散。生长旺盛期再驱虫 1 次即可。

④选用高品质全价饲料，缩短养殖周期。驯食成功后，要逐步添加黄鳝膨化饲料，全价饲料营养全面，蛋白质含量高，是决定黄鳝增重倍数的关键。因此要选用质量可靠，养殖户普遍认可的黄鳝配合饲料。配合饲料投喂管理精细，坚持不浪费原则，每天 1 次，投喂时间分别为傍晚，投饵率 3％～5％。

⑤ 病害防治。调控池塘水质是关键，能经常换水的池塘黄鳝生长较好，不易换水的池塘要定期使用底质改良剂，定期全池泼洒芽孢杆菌或光合细菌等，尽量减少药物的使用。黄鳝生长旺盛的8—9月，可以在饵料中定期添加三黄粉以及保肝护肝类中草药，可以长期添加多维，增强体质，减少病害的发生。

4. 上市与营销

黄鳝养殖效益大小与能否把握销售时机关系很大，而且每年冬季黄鳝销售市场价格变化很大，很难准确分析销售价格走势。养殖户要判断单只网箱平均增重倍数是否达到预期值（彩图21），及时了解当前市场行情，在达到预期收益时立即起捕上市销售。因为元旦、春节期间虽然成鳝价格偏高的概率大，但越冬期间黄鳝有一定的死亡率，越冬减重现象普遍，有时候等待高价得不偿失。

（二）安徽省安庆市养殖户池塘网箱养鳝实例

1. 养殖情况

安徽省安庆市桐城市嬉子湖镇双店村养殖户江道兵，从2005年开始从事池塘网箱养殖黄鳝，至今已有10余年，该同志肯于钻研、摸索、学习，网箱养殖黄鳝取得成功并获得良好的经济效益和社会效益，现有池塘18 676 米^2，避风向阳，灌排良好，水深达到1.8米，底质壤土，淤泥厚度小于15厘米，从过去持有20多个网箱已经发展到目前380多个。其养殖具体情况见表4-6。

表4-6　江道兵的放养和收获情况

养殖品种	放养			收获		
	时间	规格	鱼苗	时间	规格	成品黄鳝
黄鳝	6—7月	30～60克/尾	9千克/网箱	11—12月	100～150克	25千克/网箱
鳙、鲢夏花	6月	300尾/千克	15万尾/网箱	12月	8尾/千克	6 000千克/网箱

2. 养殖效益分析

（1）投入 ①苗种成本：黄鳝苗种：380网箱×9（千克/网箱）×60（元/千克）＝205 200元；鲢、鳙夏花：15万尾×150元/万尾＝2 250元。②饵料：小杂鱼50 000千克×3（元/千克）＝150 000元；膨化饲料3吨×10 500（元/吨）＝31 500元；塘租：（18 676米²÷667米²）×400＝11 200元。③渔药：（18 676米²÷667米²）×300元＝8 400元。④人工费：38 000元。⑤机械及网具损耗：2 000元。⑥水电费：5 000元。

（2）合计投入 453 550元，折合平均每667米² 成本16 198.2元。

（3）收入 黄鳝：380（网箱）×25（千克/网箱）×58（元/千克）＝551 000元。鲢、鳙冬片：6 000（千克）×6.2（元/千克）＝37 200元。合计：588 200元，折合平均每667米² 收入21 007.1元。

（4）总利润 134 650元，折合平均每667米² 利润4 808.9元。

3. 养殖经验与心得

（1）养殖技术要点

① 选择体色深黄、体表光滑、无病、无伤、黏液正常、活动力强的优质黄鳝苗种，避免电捕、钓捕、药捕黄鳝。

② 放苗时间为6—7月，水温达到25℃以上，规格一致，一次放足，放时用3％～5％食盐水浸泡5分钟，可放少量泥鳅。

③ 网箱放苗前10天下水，避免网箱刮伤黄鳝。

④ 网箱箱距为2米，排距为4米，有利于日常管理和渔船行驶，网箱总面积不宜超过总水面的20％，箱中载有水花生。

⑤ 将新鲜小杂鱼搅成鱼糜，并与43％蛋白质含量的膨化饲料拌在一起投喂，每天09:00、17:00坚持投喂，上午比例和下午比例为3：7。6—9月，日投饵率为黄鳝体重的4％～7％，坚持固定投饵，并根据天气、水温变化适当调整。

⑥ 高温季节，每周换水1次，温差在4℃以内，pH在7.0～7.6。池塘合理使用水质改良剂和生石灰，已达到改善水质、消毒灭菌，网箱每20天施光合细菌等微生物制剂1次，降解亚硝酸盐、氨氮等有害物质，保持溶解氧4毫克/升以上。

⑦ 巡塘查箱，观察黄鳝活动和天气变化，经常洗刷内箱，保持箱内外水体交换，看箱体有无破损或水老鼠侵害，如有发现及时处理。

⑧ 做好越冬管理，网箱底紧贴池底，加 20 厘米厚泥土，再铺 40 厘米当年稻草，在越冬期减少水体交换，以免冻伤黄鳝。

⑨ 黄鳝养殖病害要以防控、防冻结合，二氧化氯、溴氯海因等药物交替使用，并定期投喂药饵。每隔 1 周每 100 千克黄鳝用大蒜素 500 克捣烂拌饵投喂 1 次，连喂 3 天。为确保黄鳝品质安全，养殖过程中严格执行休药制度，严禁使用违禁药物。

(2) 养殖特点

① 黄鳝网箱养殖池塘不宜过大，2 001～3 335 米^2 较合适，易于生产管理。

② 养殖密度高，对饵料质量、溶解氧和水质要求非常高。

③ 网箱要求一般选择优质聚乙烯，大小以 2.0 米×3.0 米×1.5 米为宜。入水深度在 60～80 厘米，出水高度不低于 60 厘米。网箱内遍布水花生做载体，以净化水质，供黄鳝栖息。网箱面积不能超过池塘的 20%。

(3) 具体遇到的养殖问题及解决措施

黄鳝苗种运输死亡率较高。在鳝种运输过程中，以木桶为盛装容器，控制水温在 25 ℃以下，同时每隔 4 小时左右换 1 次水，注意换水的温差不能过大，并经常用手从桶底轻轻的来回搅拌。据经验，在桶中放 2%～3% 的泥鳅，可避免黄鳝相互缠绕，可有效提高运输成活率。

4. 上市与营销

达到上市规格后，统一上市，于重大节日由本人与各大酒店联系销售，多余部分由经销商或鱼贩收购。

(三) 安徽省芜湖县养殖户池塘网箱养鳝实例

1. 养殖基本情况

安徽省芜湖县湾沚镇老村黄鳝网箱养殖基地，养殖户郑峰，池塘养殖面积共为 7.67 公顷，水深 1.8 米左右，每 667 米² 网箱 22 口，网箱面积共 16 000 米²（彩图 22），主养黄鳝，套养常规鱼类及青虾。

2—3 月投放鲢、鳙、鲫等鱼种，5—6 月投放鳝种，主要投喂全价颗粒饲料，当年 12 月收获黄鳝、鲢、鳙、鲫。苗种放养及收获情况见表 4-7。

表 4-7　郑峰的放养和收获情况

品种	放养		收获
	鱼苗（万尾）	鱼种（千克）	产量（千克）
青鱼	0.23	50	
草鱼	0.31	50	
鲢	2.20	100	
鳙	0.29		
鲫	73.00	750	
鳊	0.33		
常规鱼合计	76.36	950	28 750
黄鳝	—	7 700	31 387.5

2. 养殖效益分析

投入与产出比为 1∶（2.0～2.5），幼鳝与成鳝之比为 1∶5。除去网箱成本（48 元/网箱）、苗种（占总投入 33.4%）、饲料（占总投入 36.91%）、人员工资、塘租等各种生产费用，按 7.67 公顷水面计算，1 600 个网箱，每个网箱出成鳝以 30 千克计算，其总收入为 221.9 万元，生产总投入为 122.01 万元，总纯利润为 99.89 万元；折合每 667 米² 收入为 19 295.65 元，每 667 米² 投入为 10 609.57 元，每 667 米² 利润为 8 686.09 元，详见表 4-8。

表 4-8　郑峰的投入产出情况

黄鳝收入（万元）	生产成本（万元）								利润（万元）
	合计	苗种	饵料	药物	人工	水电	塘租	其他	
221.90	122.01	52.60	32.40	7.88	17.37	2.06	6.00	4.70	99.89

3. 养殖经验与心得

(1) 养殖技术要点

① 池塘条件。该池塘面积为 7.67 公顷，水深 1.8 米，池塘坡度为 1∶2.5，水质良好，无污染，溶解氧丰富，透明度在 35 厘米。经常使用水质改良剂、生物制剂调节水质。

② 苗种放养。"欲想养鳝效益高，选好苗种是高招（关键）"。苗种是生产的基础，选苗种时一定要从严把关。苗种选择天然捕捞苗，要求鳝种健壮、大小规格基本一致。

③ 投饵。养殖过程中主要以全价配合饵料来投喂（根据不同的生长阶段投喂不同的配合饵料）。一般每天投喂 1 次，日投饵率按黄鳝体重的 30%，具体以能食完为准。投饵量还要根据水温、天气、黄鳝的活动情况来定，做到让黄鳝吃匀、吃好、吃饱。在整个生长过程中要添加"高稳易还原 V_C"。

④ 日常管理。依据"四看""四定"的原则科学投喂饵料。其中：看季节，基本原则是中间量大，两头小。即 6—8 月占总投饵量的 70%；看天气，晴天可适量多投，阴天少投；看食欲，黄鳝活动力强时多投些；看水质，水质好多投。在生长期，要有专人每天早晚巡视网箱，检查网衣有无损坏，网眼有无堵塞。观察黄鳝活动和摄食情况来判断是否患病。定期清除网箱中的污物，清除食台上的残饵，以免其变质而影响水质。

⑤ 病害防治。贯彻"无病先防、有病早治"的方针。只要严格把好苗种质量关，定期做好消毒和杀虫工作，定期在饵料中添加一些保肝护肝的药物，一般以中草药为主，这样就很少

发病。

（2）养殖特点

① 网箱养殖采用人工投饵，其劳动效率高，节省人力。

② 占用面积少、生产周期短、市场需求大、成本低、效益高。

③ 病害少，成活率高，上市体色规格大体一致，深受消费者欢迎。

④ 网箱怕受风影响，应增加其牢固性，以免造成损失。

4. 上市与营销

达到上市规格后（彩图23），根据市场需求，自己安排销售。

四、江西省黄鳝养殖实例

（一）江西省南昌市三湖特种水产养殖合作社"高效网箱养殖黄鳝"模式

1. 养殖户基本信息

江西省南昌市进贤县三里乡爱国村养殖户罗银祥，自1984年从事水产养殖，至今已有30年，为人诚实，肯吃苦，事业心很强，多年从事基层领导工作。为了改变家乡面貌，使当地百姓致富，他因地制宜引进人工网箱养殖黄鳝技术，并带领周边养殖户参与黄鳝养殖，一举获得成功，并发展壮大，在当地水产行业崭露头角，成为勤劳致富的带头人，多年被评为优秀党员、先进工作者、南昌市优秀农村实用人才。2011年成立进贤县三湖特种水产养殖专业合作社并任社长。合作社负责鱼塘开挖、网箱购置、种苗购进、饵料的提供、冷库建设、黄鳝销售及科学管理等工作。目前有112户网箱养鳝专业户加入该社，高效网箱养鳝规模达到4万余箱（彩图24），每个成员网箱养鳝300箱以上，多的有800余箱，网箱养鳝总产值达6 500多万元，纯利润达600余万元，户均纯收入7万余元。

为了建设水产健康养殖示范为目标，依靠科技进步，提升黄鳝标准化健康养殖、病害防治和精养高产水平。实现渔业增效和渔民增收。2012年合作社筹集350万资金，对66.67公顷的黄鳝养殖基地池塘护坡、清淤、进排水改造等现代渔业项目建设，有效降低了生产成本，减少病害的发生，促进了黄鳝养殖产业的可持续发展。

2. 放养和收获情况

（1）**池塘条件** 养殖池塘要求及设施配置见表4-9，池塘进水情况如图4-4所示。

表4-9 高效网箱养殖黄鳝池塘条件及设施

池塘	面积（公顷）	水深（米）	渔业设施配置
高效网箱养殖黄鳝池塘	4	1.5	4台1.5千瓦叶轮式增氧机，2台0.75千瓦涌浪机，1台自动投饵机，1台抽水机

图4-4 网箱养殖池塘进水

（2）**放养及收获** 2013年7月中旬放苗，11月收获，池塘投喂黄鳝专用配合饲料和蚯蚓、小鱼虾、螺蚌肉等，配合饲料与蚯

蚓、小鱼虾、螺蚌肉比例一般为 20：80（图 4-5）。池塘套养适量
鳙和草鱼，放养和收获情况详见表 4-10。

图 4-5　专业合作社成员加工饵料

表 4-10　罗银祥的放养和收获情况

养殖品种	放养			收获		
	时间	规格（尾/千克）	每 667 米² 放养量（千克）	时间	规格（克）	每 667 米² 产量（千克）
黄鳝	2013 年 7 月中旬	20～30	250	2013 年 10 月底	100～200	720
鳙	2013 年 2 月中旬	2～3	15	2014 年 1 月底	500～1 000	150
草鱼	2013 年 2 月中旬	2～3	15	2014 年 1 月底	500～1 000	150

注：饵料系数 5～6。

3. 养殖效益分析

以 2013 年的一口 4 公顷池塘为例。

每 667 米² 费用支出＝塘租（1 000 元）＋苗种费（14 600 元）＋

饵料费（11 000 元）＋防疫费（200 元）＋人工费（600 元）＋水电费（400 元）＝27 800 元。

每 667 米² 收入＝黄鳝收入（720 千克×60 元/千克）＋鳙收入（150 千克×9.4 元/千克）＋草鱼收入（150 千克×10.8 元/千克）＝46 230 元。

每 667 米² 利润（元）＝每 667 米² 收入－每 667 米² 支出＝46 230元－27 800 元＝18 430 元。

4. 经验与心得

（1）**鳝种选择** 应选择体质健壮，体表光滑，活动力强，大小一致的黄鳝，一般要求每尾重量 25 克为宜。苗种来源于笼捕的野生幼鳝，也可从市场收购，但受伤破皮、断尾的鳝要除去，还可以是人工繁殖的苗种。放养时间以 7 月中旬为好，1 周内放齐。放养量一般每平方米 2.0～2.5 千克，最多可放到 3 千克。放养前应注意鱼体消毒，水温差不宜过大。

（2）**投饵** 黄鳝以肉食为主，人工投饵可用蚯蚓、小鱼虾、螺蚌肉等，搭配投喂配合饲料，腐败变质的饲料不可投喂。鳝种入箱后需经 6～10 天短期适应后才可投饵，一般每天投喂 1 次，投喂应在傍晚进行；也可逐步提早投喂时间，驯化其白天摄食。日平均投饵率为黄鳝体总重的 8%～10%；投饵量要根据水温高低、饲料质量、水质状况等酌情增减。投饵量随鳝体增加而加大，在生长适温时应多投勤投，15 ℃以下停止投喂。操作时要求将饵料投入食台，便于掌握食量和清除残饵。

黄鳝以摄食动物性饵料为主，喜食鲜活饵料，如各种昆虫及其幼虫、蚯蚓、小鱼虾、蚕蛹、蝇蛆、螺蛳、蚌、蚬、大型浮游动物、畜禽内脏及蝌蚪等。饵料应保证鲜活不腐臭，动物性饵料不足的地方，可投喂部分植物性饵料，如豆饼、麸皮或玉米粉等，将上述植物性饵料与绞碎的鱼虾肉糜混合成湿团（在水中能较长时间不散开）后投喂。较大的饵料要剁碎或吊挂在池中，任其撕食。螺蛳、河蚌及蚬等硬壳饵料，投放前需砸碎其外壳。饵料应定点投喂，每只网箱设 1 个投喂点。黄鳝摄食的适宜水温为 25～30 ℃，有昼伏夜出索饵的习性。如冬季对鱼池覆盖塑料薄膜大棚或采用其他增温、保温措施，保持适宜的水温，黄鳝可全年摄食生长，从而大大缩短暂养期，降低成本，提高产量和效益。再次投饵前应清除上次未吃完的残饵，以免影响水质。

（3）**加注新水** 黄鳝池的水深要适当，一般以80～100厘米为宜，要经常换水，一般每周换1次，保证水质清新。天气闷热和雷雨前夕，水中会缺氧，凡在这种天气，要及时加注新水。雨天要注意排水畅通，切忌雨水漫池，造成黄鳝逃出网箱外。

（4）**防治鳝病** 鳝种放养前，用4％食盐水浸浴5～8分钟，可有效地预防鳝病。黄鳝受伤后会生水霉病，因此在养殖过程中要细心操作，以免鳝体受伤。黄鳝生水霉病时，可用4克/米^{3}的小苏打和食盐合剂全池泼洒，也可用3％～5％的食盐水浸洗鳝体5～8分钟。

（二）南昌市进贤县"高效网箱养殖黄鳝模式"

1. 养殖户基本信息

江西省南昌市进贤县三里、梅庄、二塘、南台、钟陵、三阳集、前坊、七里等乡镇等地近年网箱养殖黄鳝非常兴盛，形成了生产100～200克规格商品黄鳝的养殖模式。南昌进贤7月、10月的水温在20℃以上，7—10月从10～20尾/千克黄鳝苗养殖到商品黄鳝需要3.5个月，每667米^{2}产量1 200～1 600千克，全年只能生产1批，充分地利用了环鄱阳湖低洼湖田的生产潜力。

江西省南昌市进贤县三里乡东岸村吴金志，有9年养殖黄鳝的经历，共有1.33公顷养殖水面，池塘水源充足，无污染，排灌方便（图4-6），通电、通车、通信畅通，水深1.4～1.5米，水源取自于信江入鄱阳湖口。

2. 放养和收获情况

以2013年一口1.33公顷池塘为例，吴金志的放养和收获情况见表4-11。

图 4-6 吴金志的养殖池塘进水

表 4-11 吴金志的放养和收获情况

养殖品种	放养			收获		
	时间	规格（尾/千克）	每 667 米²放养量（千克）	时间	规格（克）	每 667 米²产量（千克）
黄鳝	2013 年 7 月中旬	20~30	250	2013 年 10 月底	100~200	700
鳙	2013 年 2 月中旬	2~3	20	2014 年 1 月底	500~1 000	200
鲢	2013 年 2 月中旬	2~5	4	2014 年 1 月底	500~1 000	40

注：黄鳝饵料系数为 5~6。

3. 养殖效益分析

每 667 米² 费用支出＝塘租（1 000 元）＋苗种费（15 000 元）＋饵料费（12 000 元）＋防疫费（200 元）＋人工费（400 元）＋水电费（400 元）＝29 000 元。

每 667 米² 收入（元）＝黄鳝收入（700 千克×60 元/千克）＋鳙

收入（200 千克×9.4 元/千克）＋鲢收入（40 千克×6 元/千克）＝
44 120 元。

每 667 米² 利润（元）＝每 667 米² 收入－每 667 米² 支出＝44 120
元－29 000 元＝15 120 元。

4. 养殖经验与心得

（1）养殖技术要点

① 清塘消毒。每 667 米² 用生石灰 150 千克兑水化浆后全池泼洒
消毒。

② 网箱布置。每口网箱四角打上竹桩，网箱上部高出水面 50
厘米。每 667 米² 池塘设置网箱 20～30 口，网箱应采用聚乙烯无
结网片加工成长 2.0 米×宽 2.0 米×高 1.5 米或者长 3.0 米×宽
2.0 米×高 1.5 米大小规格，然后把网箱固定在铁丝上。在挂网箱
时纵向距离为 2～3 米，横向距离为 1～2 米。

③ 苗种投放。苗种最好选择本地带大花斑的黄鳝。一般每年 7
月上旬是投苗的最好时机。

④ 投苗时先了解天气情况，最好选择近期无雨天气投苗，防
止黄鳝患"感冒"病。

⑤ 饵料投喂选用黄鳝专用人工配合饲料。放养初期，用蚯蚓、
小杂鱼、蚌肉等诱食（图 4-7），隔数天用上述饵料打浆拌配合饲
料驯食，半个月左右全喂配合饲料。坚持"四定"投饵原则，每天
18：00 投喂 1 次，投喂量前期为黄鳝体重的 3%，生长旺盛季节为
6%，具体根据季节、天气、水温、水质及黄鳝生长、摄食等情况
灵活调整。

⑥ 保证充足的溶解氧，1.33 公顷池塘配 1.5 千瓦叶轮增氧机
2 个，03：00、04：00 开启 5～6 小时。

⑦ 精细化管理，高密度养殖对水质要求非常高，一般 3～5 天
换水 1 次。

（2）养殖特点

① 网箱养殖黄鳝池塘面积大、小均可，池塘要求水源充足，
进、排水方便，易于管理。

图 4-7　吴金志夫妇加工鲜活饵料

②养殖密度高，对溶解氧和水质要求非常高，水源供应要充足。

③养殖投入高、周期短、盈利能力较强，但终端价格波动大，养殖风险与盈利并存。

(3) 具体遇到的养殖问题　黄鳝近 2 年市场行情波动大，养殖风险大。黄鳝投放苗种时易感冒，严重时能使黄鳝苗大量死亡，10月后病害情况严重，可能导致重大损失。

5. 上市与营销

普通养殖户把握市场的能力较差，应持续关注终端鱼价，在鱼达上市规格后，选择行情较好的时候由提供饵料的经销商或鱼贩收购。

第三节　黄鳝经营案例

湖北省监利县海河水产养殖专业合作社是在原监利县程集镇黄鳝养殖营销协会的基础上于 2008 年 5 月成立，该合作社与协会实行一套班子两块牌子进行水产养殖销售，是一个以黄鳝健康养殖和人工繁殖优质苗种为主导，集科研开发、养殖、销售和技术咨询为主体的水产专业合作社。迄今为止，该合作社社员由 2012 年底的 198 人增加到 246 人，养殖面积由 1 200 公顷扩大至 1 330 余公顷，网箱养殖由 25 万口增加到 30 万口，年产黄鳝 5 000 吨增加到 9 000 吨，产值由 4.2 亿元增加到 6.2 亿元。全镇从事黄鳝养殖的人员共获纯利达 2.4 亿元，真正把黄鳝产业做成了一个能使当地农民致富兴村的黄金产业，受到了省、市、县各级领导的充分肯定和社会各界的好评。

2008 年，该合作社取得无公害产地认定证书、无公害产品认证证书和水生动物注册养殖场登记证。2009 年，先后被湖北省荆州市委、市政府授予"农民专业合作组织示范合作社"和湖北省科学技术厅授予"全省科技创新先进单位"的光荣称号。2010 年 12 月，被授予"农业部水产健康养殖示范场（第五批）"称号。2011 年 7 月被评选为"湖北省二十强渔民专业合作社"。2011 年 9 月被中国企业合作促进会和中国企业发展转型论坛组委会授予"中国企业转型示范企业"光荣称号。2012 年 10 月合作社的"荆江"黄鳝荣获第十届中国国际农产品交易会金奖，"荆江"黄鳝与洪湖市清水蟹、公安甲鱼已被市政府推荐为荆州市三张名、优、特水产品名片进行推介。2013 年合作社的"荆江"黄鳝养殖基地已列入 2013 年省级渔业生态高效养殖模式示范基地，荆江商标已被评为荆州市知名商标。该合作社产品远销到韩国和我国香港、台湾，"荆江"黄鳝连续 3 年获得国际国内农交会金奖，其"荆江黄鳝主产区"宣传版块还上了中国中央电视台军事·农业频道《农业气象》栏目。

湖北省监利县海河水产养殖专业合作社黄鳝销售能取得如此成绩，通过多年的跟踪调查，可以归纳为以下几点经验。

1. 充分调研市场，大小分级销售

黄鳝是淡水珍品，有着广泛的国际、国内消费市场，国内以江浙、上海一带为主，吃鳝已成为一种习俗，春节前后是黄鳝销售旺季，海河水产养殖专业合作社社长杨一斌和秘书长曾士祥等合作社骨干，每年均抽出很多时间进行市场调研和考察，探索黄鳝市场需求，为养殖户排忧解难；不断开拓销售新市场，增加老百姓养殖效益。通过大量的市场调研与分析，他们掌握了相关市场需求特点，如南京、上海的市民喜欢吃小规格的黄鳝，杭州市民一般喜欢吃大规格黄鳝，所以该合作社把养殖户养殖的成鳝集中收购后，再根据各地不同消费习惯，把黄鳝按大小规格分好等级，让销售员直接销往不同市场，这样既保证了黄鳝销售的畅通，又保证了销售效益的最大化，有效提高了养殖户养殖黄鳝的积极性，大大增加了老百姓的经济效益。

2. 不断探索市场规律，灵活掌握销售技巧

该合作社不断开拓国内外黄鳝销售市场，为当地老百姓解决卖鱼难的问题。黄鳝是我国分布较为广泛的淡水名优鱼类，它的营养价值、保健功能、药用效果已被世界诸多国家认同，韩国有"冬吃一只参、夏食一条鳝"的说法，日本和我国都有"伏天黄鳝胜人参"的说法，美国、欧盟以及韩国、日本都是进口黄鳝的大户。据有关机构调查，国内黄鳝每年的需求量高达 300 万吨，日本、韩国等地的需求量达到 20 万吨。而国内每年黄鳝的产出量远远不能满足市场需求量。每年春节期间，上海、南京、杭州地区每天黄鳝供需缺口竟然高达 100 吨左右。日本、韩国等国的进口每年以 15％ 的速度增长，国内经济发达的地区如北京、上海等地时常出现断货的尴尬局面。因此，湖北省监利县海河水产养殖专业合作社在大力发展黄鳝养殖产业规模的同时，不断开拓国内外销售市场，该合作社不仅在上海和杭州建立了两个直销点，而且其"生态黄鳝"产品远销美国、日本、韩国等国家及我国香港、澳门地区。

该合作社通过对黄鳝市场需求规律的分析和积累，总结出了适合市场规律的养殖模式，即一年段和两年段黄鳝两种养殖模式共存、共同发展的养殖思路，充分依据市场需求，采取不同时间段分批销售和反季节销售等方式和技巧，这样不仅掌握了市场的主动权，摆脱了集中销售的风险，有效避免了被动销售而导致亏损的局面，而且大大降低了养殖风险，有效提高了销售和养殖效益。具体销售措施如下。

该合作社一般要求进行一年段养殖的黄鳝分3个时间段进行分批销售，每年10月国庆前后趁着价格不错卖一批黄鳝；而到春节前，根据市场价格再销售第二批黄鳝，因为每年11月、12月就是安徽、江西两省养殖户集中卖鱼的时候了，市场价格会下降不少，这时候没有特殊情况的话，湖北、湖南的养殖户卖鱼的比较少，都会等江西、安徽的黄鳝卖的差不多，价格开始回升了再考虑卖鱼的事情；第三批黄鳝就在春节之后，清明节之前进行销售。因为这段时间气温相对较低，野生黄鳝还没有大量上市，所以人工养殖黄鳝的价格总体还是不错的。

该合作社针对两年段养殖的黄鳝，销售就更加灵活多变。所谓2年段养殖，并不是说把黄鳝要养整整2年，而是在翌年春季分箱、强化管理之后，可以根据市场行情，有计划地进行育肥处理和销售。一般在端午节以后便能达到比较大的商品规格，就可以分时段上市了。通过两年段养殖，拉长了黄鳝养殖时间，黄鳝均能长到比较大的规格。养殖时间长了的同时，销售黄鳝的时间也拉长了，摆脱了集中销售的风险，养殖户的收益更高了。

3. 坚持健康养殖，打造著名商标

2012年以来，为了能使荆江黄鳝做到良性发展，把荆江黄鳝扬名天下，该合作社坚持黄鳝健康养殖技术推广，在保证水产品质量方面不仅印发了大量宣传资料给广大社员，还聘请相关专家多次对社员进行培训，就黄鳝健康养殖技术和质量安全管理监督进行专门指导和授课，使大家对黄鳝养殖技术和质量安全责任感有了更新和更高的认识。

2013年7月该合作社在监利县水产局的指导下，"农业部水产示范养殖场"和无公害产地认定证书、无公害产品认证证书又通过了农业部和湖北省农业厅重新复查和认证。同时，已将荆江牌商标申报为湖北省著名商标，在营销上将原来用蔑篓散装无标识提升为礼品盒包装。另外，该合作社在全市率先创建了水产品质量安全可

追溯平台，投入了7万余元购置了水产品质量检测设备，并聘请了一名具有大学本科学历的人才专门负责管理操作追溯平台和水产品质量安全检测。从而对荆江黄鳝的养殖与销售实行全程监控，并在包装上实行了二维码的追溯信息，让广大消费者可追溯产品的生产产地、生产时间及生产人员和生产流程，使广大消费者能吃到放心的正宗"荆江"黄鳝，从而提高"荆江"黄鳝的销售价位，为广大养殖户带来更好的经济效益。

第五章　黄鳝的捕捞、运输与加工

第一节　黄鳝的捕捞

一、排水翻捕

把池中的水排干，从池的一角开始翻动泥土，不要用铁锹翻土，最好用木耙慢慢翻动，再用网捞取，尽量不要让鳝体受伤。起捕率可达 98%。

二、网片诱捕

用 $2\sim4$ 米^2 的网片（或用夏花鱼种网片）置于水中，网片的正中放入黄鳝喜食的饵料。随后盖上芦席或草包沉入水底，约 15 分钟后，将四角迅速提起，掀开芦席或草包，便可收捕大量黄鳝。起捕率可达 80%～90%。

三、鳝笼诱捕

用带有刺的竹制鳝笼若干个，其内放一些鲜虾、小鱼、猪肝等诱饵，放置在池底水中，夜晚半小时左右取 1 次。起捕率可达 70%～80%。

四、草包诱捕

把黄鳝喜食的饵料放在草包内，然后将草包搁在平时喂食的地点，黄鳝就会钻入草包，将草包提起，便可捕捉到黄鳝。

五、扎草堆诱捕

用喜旱莲子草或野杂草堆成小堆，放在岸边或池塘的四角，过 $3\sim4$ 天用网片将草堆围在网内，把网的四角抓紧，迅速提起，使黄鳝逃不出去，将网中的草捞出，黄鳝即落在网中。草捞出后，仍堆放成小堆，以便继续诱捕黄鳝。这种方法在雨刚过的时候效果最好。

收获的黄鳝如图 5-1 所示。

图 5-1 收获的黄鳝

第二节 黄鳝的运输

一、黄鳝苗种运输

黄鳝苗种运输方法多样，一般运输距离近，运输数量少，可以用水桶等小型容器带水运输；而数量多，距离远的可以采用竹篓、竹筐等较大型容器带水运输，或用尼龙袋装水充氧运输。

运输黄鳝苗种的竹筐有大有小，小筐可容纳 25 千克左右，中筐可容纳 50 千克左右，大筐可容纳 75 千克左右。为了增加苗种运输安全，提高苗种运输成活率，一般苗种运输采用中、小竹筐装运。运输操作是：首先在竹筐内壁衬入一层质地较软的塑料薄膜，再在筐内盛入总容积为 1/3 自然温度的池塘水，然后将挑选好的黄鳝苗种装入竹筐中，扎紧扎好竹筐盖子即可起运。值得注意的是：苗种运输时，竹筐内不能直接装用井水、自来水，也不能在筐内直接加入冰块，以防止温差过大造成黄鳝苗种发生感冒。远途运输时，可以在竹筐中放入适量泥鳅和水草，利用泥鳅的好动习性避免黄鳝相互缠绕导致发烧病，利用水草进行黄鳝的保湿。另外，水体中也加入少量的"电解维他"，以提高运输成活率，用量为每50千克水加电解维他10～15克。

二、成鳝运输

黄鳝耐饥饿，耐低氧，离水较长时间后也不会死亡，这些特点都是活鳝运输的有利条件。黄鳝运输应根据运输数量的多少、交通工具等情况，分别采取不同的方法或措施进行运输。目前主要运输工具有木桶装运、竹筐（篓）装运、湿蒲包装运、机船装运及尼龙袋充氧装运等。不论使用那种工具或方法装运，起运前都必须将黄鳝体表所黏附的泥沙污物洗净，将病、伤的黄鳝剔出，同时认真检查运输途中所需的工具是否齐备。

（一）桶（缸）装运

桶（缸）的优点是工具简单，装卸、换水等操作管理比较方便。既可作为收购、暂养的容器，又适于车、船装运。从收购、运输到销售途中不需要重新更换容器。桶为圆柱形，规格是用1.2～1.5厘米厚的杉木板制成（忌用松板），高67厘米，桶口直径50厘米，桶底直径46.7厘米，体积约100升。桶外三道箍，附有两个铁耳环，以便于搬运。桶（缸）运输时，上面均需盖上有孔的盖子，以确保通气并防黄鳝逃逸。在水温25～30℃的条件下，50千克的桶（缸）一般可装运20千克黄鳝和20千克水。天气闷热时，装载量必须减少。运输途中的管理工作主要是定时换水和经常上下搅动黄鳝。如发现黄鳝头下垂，身体浮于水面，口吐白沫，说明水质已经恶化，应立即更换新水。气温较高时，每隔2～3小时就需换1次水。换水时要注意水质和温差，水质要用清洁的活水，如江水、河水。装运容器内外水温差要小于3℃。

（二）竹筐（篓）运输

由于现在交通比较方便，成鳝一般在一昼夜之内基本能够达到要销售的地方，所以成鳝运输绝大部分都采用竹筐运输。竹筐有大有小，专业运销的往往使用大筐装运，每筐可装黄鳝 100 千克左右。零担车长途远销的一般是采用小筐运输。运输时，先在竹筐内衬上一层塑料薄膜，装入其 1/4 容积的清水，再将黄鳝放入筐内，最后用细铁丝将竹筐与盖子紧紧绞合一起，即可起运。实践证明：在 24 小时左右的运程内，黄鳝的运输成活率可达 100%。

（三）蒲包装运

如果黄鳝数量不多，途中运输时间又不超过 4 小时，可采用湿蒲包装运。装运前，先将蒲包浸湿、洗净，每包盛装黄鳝 25～30 千克，然后扎紧包口即可。用蒲包装运时，最好能将蒲包装入坚固的筐内封盖运输，这样既可以增加运输时的装载量，又可以防止途中因蒲包的堆积而压伤黄鳝。同时，还方便在气温较高时，筐上能放置鲜水草或冰块，让冰慢慢融化流入蒲包袋上，既湿润鳝体又起降温作用。此种方法，在气温较低的 11 月中旬后运输较为安全。

（四）机船装运

如果黄鳝数量较大，途中运输时间较长或超过 24 小时，且水陆相通，可直接用船装运。这种装运方法，不但运费低，而且成活率可高达 95% 以上。在装运时，黄鳝和水各占 1/2。即 1 千克黄鳝 1 千克水。运输途中，管理工作主要是每隔一定时间要赤脚下舱，将脚伸入舱底部上下搅动 1 次；当船舱水质不好时，需要泄出部分旧水，加添新水。但要注意，凡是运过石灰、食盐、辣椒、化肥、农药等有毒或刺激性较强物质的船，未经彻底清洗，不能直接装运黄鳝；凡运过柴油、汽油或桐油等以及当年上过桐油的船，不能用于装运黄鳝。

（五）尼龙袋充氧运输

当黄鳝数量不多，且路途遥远或需要空运出口时，可用此方法。每袋装黄鳝 10～15 千克，加水淹没鳝体，充氧后扎紧袋口，再装入包装箱内，即可起运。

第三节　黄鳝的加工

水产品加工有两层含义：一是将鲜活水产品简单处理后直接烹饪成美味食物供人们享用，这种加工产品为即食产品，保存时间短；二是将鲜活水产品通过一定加工工艺进行处理，变成半成品或即开食品，这种加工产品保存时间长，并可进行长途运输。我们通常讲的水产品加工主要指的是后者。

随着人们生活节奏的加快，消费层次的多样化，具有方便化、个性化、多样化以及功能化的水产食品已成为时尚，越来越受到消费者青睐。为适应这种消费习惯的变化，原来主要依靠鲜活品食用的状况正在快速发生改变，特别是占有我国水产品产量较大份额的淡水鱼类。据统计，在目前的国内市场上，直接供人们食用的水产品中约有近 50％为水产加工产品。而其中的冷冻品、干制品、腌熏制品等是加工水产品的主体，在未来相当长的一段时期内仍将主导消费市场。

黄鳝养殖发展起步较晚，在养殖规模和养殖产量上还无法使其成为水产品的加工主体，因此，目前的加工产品仍处于较低水平，基本上还是以冻品居多，其他形式的加工产品还开发较少。所谓冻品就是人们在生产季节大量收购鲜活的黄鳝进行加工处理，再将处理后的产品进行冷冻保鲜。这种加工后的黄鳝产品能走得更远，保存更久，产品附加值更高。同时，对平衡市场需求，达到常年均衡上市，扩大市场占有率起到了重要的调节作用。

常见的黄鳝加工产品有系列冷冻保鲜产品，如冻筒鳝、冻段鳝、冻鳝丝、冻鳝片、冻剥皮鳝肉等，黄鳝罐头，烤鳝鱼串或烤鳝鱼丝等。下面就黄鳝的冷冻保鲜产品及黄鳝罐头的加工方法简要介绍如下。

一、冷冻保鲜产品加工

以冻鳝片加工为例，其方法如下。

1. 加工工艺流程

活黄鳝→洗净→剖杀→去头、骨、尾、内脏→沥血→称重→装盘→速冻→装袋→冷藏。

2. 活黄鳝的收购和要求

收购活黄鳝要保证其规格，条重要求在25克以上。收购后，将黄鳝集中于水泥池或水缸等容器内，让其自由活动，并勤换清水，以清除表面污物和鳃内泥沙。活鳝经过1天暂养后再进行加工。

3. 加工操作规程及要求

(1) **冲洗** 将漂洗后的黄鳝置于干净的箩筐内，用清水进行冲洗，清除黄鳝体上的附着物。同时，对用于加工的台面、用具等要洗刷干净，并用0.25%的漂白粉溶液做消毒处理。

(2) **剖杀** 先将活鳝摔晕或用电击昏，用铁钉插入黄鳝头部眼睛的位置，将黄鳝侧置，背朝加工者一方，然后固定在剖凳上，加工者左手压住鳝体，右手握刀从颈部横切至脊椎骨，然后沿着脊椎骨用刀划拉至尾端，再把鳝体摊开。

(3) **加工** 将黄鳝去内脏，洗净，直接为筒鳝；将筒鳝去头、去尾、去骨，使鳝体成为背剖的长条片状成鳝片(将筒鳝去头、去尾切成段即为鳝段；将鳝片用刀划成丝状即成鳝丝，将筒鳝去皮即是剥皮鳝肉)。

(4) **沥血** 将剖好的鳝片放入干净的容器内，沥去大部分血水，时间为15~30分钟。

(5) **称重** 将沥去血水后的鳝片依次过磅称重，每份按规定的重量分开。

(6) **装盘** 将称量好的鳝片按份平铺在冻盘内(冻盘规格一般

为 180 毫米×90 毫米×30 毫米），要求冻盘底部的鳝片背朝下，冻盘上部的鳝片背向上，并摆放整齐。同时，检查、除净残余的内脏等杂物。

（7）**速冻** 将装好鳝片的冻盘及时送进－25℃以下的冻结室速冻，并使在 24 小时以内鳝片的中心温度能够达到－15℃以下，若采用平板冻结机或速冻柜冻结，可以大大加快冷冻速度，速冻时间一般在 4～12 小时就可完成，有利于提高产品质量。

（8）**装袋** 将冻结的鳝片，从冻结间或速冻柜中取出，带冰脱盘，检验合格后，装入塑料包装袋，用封口机封口，再按额定数量装入纸箱中，贴上商标，就能销售。待销时，产品应放在冷藏箱或冷藏柜里。

（9）**冷藏** 装箱后的冻鳝片即为成品，如不立即销售，应迅速置入－18℃以下的冷库中进行储藏，储存期不超过 10 个月。

4. 产品品质检验

（1）**净重** 每块冻鳝净重允许误差为 4%，但平均重量不能低于标准重。

（2）**鲜度**

① 感观指标：黄鳝冻结坚硬，排列整齐，外表带血色，呈活鲜鱼表皮自然颜色，肌肉组织弹性好，无异味。

② 理化指标：挥发性盐基氮（VBN）≤15 毫克/100 克。

二、黄鳝罐头加工

以净重 180 克罐装规格为例，其方法如下。

1. 加工工艺流程

黄鳝选料→宰杀与分割→检验→加工制作→装罐→灭菌→检验→包装。

2. 操作要求

（1）**黄鳝选料** 选择体重 100 克左右、无病健壮的黄鳝做原料，并注意剔除那些体态瘦小、体表有毛霉等外伤的黄鳝，然后用清水反复冲洗，去除体表污物。

（2）**宰杀**　用牛骨或不锈钢制成扁形斜口划刀，宰杀黄鳝时，将鳝头朝左，腹向外，背向里放在木板上，用左手大拇指、食指和中指捏着颈部，撬开一个可见到鱼骨的缺口，右手将刀竖直，从缺口处插入脊骨肉中，刀尖不穿透黄鳝肉，从头部划到尾部，把黄鳝翻身，用划刀再次贴紧黄鳝插入，划下整个脊肉。

（3）**检验**　黄鳝破腹后，如发现肠内有毛细线虫，黄鳝必须销毁，检验无病虫的黄鳝肉经清洗后再进行加工。

（4）**加工**　将选好的黄鳝肉洗净，切成长 10～15 厘米、宽 0.5 厘米左右的细长扁条（一般只取中段）黄鳝肉，头、尾、骨用来制作汤汁。将切好的黄鳝肉，按每 100 千克配以猪油 2 千克、蒜末 1.2 千克、料酒 1 千克。先将猪油放入锅内烧热，然后放入切好的黄鳝肉快速翻炒，加蒜末、料酒，待炒至七八成熟时，立即起锅，再上笼蒸 10～15 分钟，即可出笼。

（5）**配制汤汁**　先将宰杀分割好的黄鳝头、尾、骨加入适量猪油、精盐及适量的水熬煮，至汤汁色浓味鲜时，再加入少量精淀粉，搅拌成薄质胶体状。

（6）**装罐**　将加工好的黄鳝肉，称重 36 克，搭配生姜 1 克，枸杞 1 克，山药、桂圆各 1 克，汤汁 140 克，共净重 180 克装罐。

（7）**密封**　真空封罐，真空度为 5×10^4 帕。

（8）**杀菌**　高温杀菌后冷却至 $-38\ ℃$。

附录　优秀企业介绍

一、湖北省公安县旭峰黄鳝养殖有限公司

湖北省公安县旭峰黄鳝养殖有限公司（附图1），位于狮子口镇法华寺村，与侯家湖渔场相连。近几年，旭峰黄鳝养殖有限公司黄鳝养殖发展十分迅速，网箱规模达到2万多口。年产黄鳝约300吨，产值约1 800万元。在政府和国家政策的鼓励下又创立了旭海合作社以带动附近养殖户的积极性和科学养殖。旭海合作社于2008年6月成立，董事长为罗旭初，现有会员50人，基地养殖户100多户，黄鳝养殖由2002年的6.67公顷，发展到现在的养殖面积66.67公顷以上，辐射带动10多个村的养殖农户，2009年发展网箱养鳝达6万多口。合作社为会员及养殖农户提供产前、产中、产后的一条龙服务，有效地解决了黄鳝养殖技术和销路问题，合作社把产品远销四川、上海、武汉等地区，基本上做到成鱼不积压，为养殖户创造了良好的经济效益。

2006年，旭峰黄鳝养殖有限公司探索出"二年段"黄鳝高效养殖模式。2008年，中国中央电视台《致富经》栏目对该公司的"二年段"网箱养鳝模式进行了专题报道。同时，该养鳝模式荣获公安县科学技术进步二等奖，其合作社也荣获"先进渔民专业合作组织示范合作社"的光荣称号。2011年，公司黄鳝在第二届中国荆州淡水渔业博览会参展，并取得可喜成绩。2012年，第二次建立黄鳝苗种繁育实验基地，开始试验黄鳝仿生态繁育技术，构建了技术路线的雏形。2013年，该公司黄鳝仿生态繁育试验面积扩大到1公顷（3 300口），配套了1.33公顷的苗种暂养池和1.13公顷的饵料池，共孵化出100多万尾鳝种，基本实现合作社内社员苗种自繁自养。

附图1 湖北省公安县旭峰黄鳝养殖有限公司

二、湖北省天门市耀堂特种水产
养殖有限公司

湖北省天门市耀堂特种水产养殖有限公司（附图2）于2006年成立，养殖基地拥有养殖水面106.8公顷，总投资780万元，其中固定资产投资550万元。该公司专业从事黄鳝、长吻鮠、胭脂鱼、匙吻鲟、鲈、鳜等名特优水产品苗种繁育及商品鱼健康养殖，是农业部认定的"水产健康养殖示范场""国家'菜篮子'水产品生产基地"。年生产商品鱼120万千克，名特优水产种苗1.1亿尾，年产水蚯蚓50万千克，年创产值2 000万元。

在黄鳝苗种人工繁育方面，该公司建场开始即与长江大学动物科学学院进行技术合作，投入大量资金、人力对黄鳝人工繁殖技术进行重点攻关，首创全程投喂水蚯蚓，鳝苗成活率高，生长快。2010年、2011年、2012年所生产的黄鳝鱼苗分别达到了196万尾、510万尾、1 180万尾，预计到2015年产量可达到1亿尾。董事长左耀堂先生作为黄鳝人工生态繁育方面带头人，多次荣获上级主管部门的表彰，湖北卫视等多家媒体对他及其技术进行报道和推广。该公司现有中、高级职称人员 5 名，大专以上学历 8 人，熟练产业工人 30 余人。能够独立完成黄鳝亲本选育、种苗繁育和商品鱼的健康集约化养殖一条龙生产。

附图 2　湖北省天门市耀堂特种水产养殖有限公司

参 考 文 献

曹克驹 . 2012. 名特水产动物养殖学 [M] . 北京：中国农业出版社 .

马徐发，沈建忠 . 2008. 池塘成鱼养殖工培训教材 [M] . 北京：金盾出版社 .

张志勇，冯明雷，杨林章 . 2007. 浮床植物净化生活污水中 N、P 的效果及 N_2O 的排放 [J] . 生态学报，27 (10)：4333 - 4341.

彩图1

彩图2

彩图4

彩图3

彩图5

彩图1　网箱培育鳝种
彩图2　成鳝池中套放鳝种网箱
彩图3　优质鳝种
彩图4　池塘小网箱主养成鳝（一）
彩图5　池塘小网箱主养成鳝（二）

彩图6

彩图7

彩图8

彩图9

彩图10

彩图6　池塘大网箱主养成鳝
彩图7　池塘套网箱养殖黄鳝
彩图8　黄鳝在网箱内摄食
彩图9　采收水蚯蚓
彩图10　黄鳝出血病

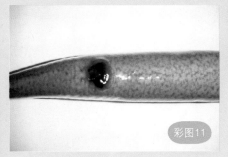

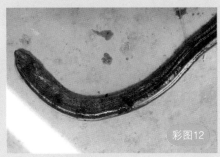

彩图11　黄鳝肠炎病
彩图12　黄鳝腐皮病
彩图13　黄鳝毛细线虫病
彩图14　黄鳝棘头虫病
彩图15　黄鳝蛭病
彩图16　黄鳝疯狂病
彩图17　黄鳝肝胆综合征

彩图18　柳江红生态繁育的鳝种

彩图19　湖北省江陵县德高水产养殖专业
　　　　合作社的网箱

彩图20　安徽省舒城县李光友的黄鳝网箱
　　　　养殖基地

彩图21　李光友网箱养殖的黄鳝打样称重

彩图22　安徽省芜湖县郑峰的黄鳝网箱养
　　　　殖基地

彩图23　郑峰收获的达到上市规格的黄鳝

彩图24　江西省南昌市进贤县黄鳝高效网
　　　　箱养殖